净零能耗建筑论丛

U0167618

净零能耗建筑装配式建造技术

蒋立红　梁俊强　等编著

中国建筑工业出版社

图书在版编目（CIP）数据

净零能耗建筑装配式建造技术/蒋立红等编著. —
北京：中国建筑工业出版社，2022.12
（净零能耗建筑论丛）
ISBN 978-7-112-27990-6

Ⅰ.①净…　Ⅱ.①蒋…　Ⅲ.①生态建筑-装配式构件
-建筑设计　Ⅳ.①TU201.5

中国版本图书馆 CIP 数据核字（2022）第 176991 号

责任编辑：张文胜
责任校对：孙　莹

净零能耗建筑论丛
净零能耗建筑装配式建造技术
蒋立红　梁俊强　等编著

*
中国建筑工业出版社出版、发行（北京海淀三里河路 9 号）
各地新华书店、建筑书店经销
北京科地亚盟排版公司制版
天津安泰印刷有限公司印刷
*
开本：787 毫米×1092 毫米　1/16　印张：15¼　字数：360 千字
2022 年 12 月第一版　　2022 年 12 月第一次印刷
定价：**55.00** 元
ISBN 978-7-112-27990-6
（39886）

本书编委会

主　　编：蒋立红　梁俊强

副 主 编：黄　刚　孙金桥　周　辉

编写人员：刘　彬　马瑞江　徐洪涛　张旭乔　李　佳

　　　　　黄　乾　李振杭　李少华　张世武　王晓丽

　　　　　李张苗　朱清宇　苏衍江　卢　松　李　君

　　　　　谭国炜　李永敢　王志勇　牛寅龙　龚顺明

　　　　　肖玉麒

本书编写单位

主编单位：中国建筑股份有限公司

　　　　　住房和城乡建设部科技与产业化发展中心

参编单位：中建工程产业技术研究院有限公司

　　　　　中国建筑第八工程局有限公司

　　　　　中建科技集团有限公司

　　　　　中建三局集团北京有限公司

　　　　　中建一局集团建设发展有限公司

　　　　　中建三局第一建设工程有限责任公司

前　　言

党的十九大报告和习近平新时代中国特色社会主义思想对新发展理念作了全面阐释，创新、协调、绿色、开放、共享是理念的内涵。2020年9月，我国提出二氧化碳排放力争于2030年前达到峰值，努力争取2060年前实现碳中和的目标：从国家政策、行业层面看，发展以绿色化、智慧化、工业化为代表的新一代产品将是建筑业高质量发展的必由之路，建筑业将迎来建设投资导向、产业结构调整、建造技术和组织方式变革创新、企业品牌再造等多方面系统性重塑的机遇。未来很长时期，高品质绿色建筑、净零能耗建筑、健康建筑、装配式建筑等将引领新一代绿色建筑发展方向，形成自然生态优美、产业生态完善、社会生态和谐的新型城市，实现建造过程低碳排放，有效节约资源，与环境和谐共处。净零能耗装配式建筑作为其中的典型代表，能够推动节能低碳技术改造升级，加快向绿色发展转型，为实现碳达峰、碳中和目标做出应有贡献，将成为建筑碳减排战场的主力。

"十三五"期间，在科学技术部、住房和城乡建设部的支持下，中美清洁能源联合研究中心建筑节能合作项目"净零能耗建筑关键技术研究与示范"，在净零能耗建筑关键设计、施工技术研究与工程示范、装配式建筑技术研究，以及净零能耗建筑示范工程实施指南与推广机制研究等方面开展研究工作。针对我国幅员辽阔、地区间不同气候类型差别较大等现状，研究解决装配式建筑不同气候类型下净零能耗建筑技术的区域适应性和可持续发展问题，提出具有鲜明地域适用性的、基于未来装配式的净零能耗建筑技术评价方法和设计体系。建筑物要实现净零能耗，往往具有高保温性能、高气密性能、高断热性能和高效的能源系统等特性，与装配式建筑的面向点不同，甚至两者间存在冲突点，比如拼接缝隙、弹性余量等，两者融合过程具有一定的难度，如何在建筑建造时解决两者融合问题，是本书的重点。

本书由中国建筑股份有限公司、住房和城乡建设部科技与产业化发展中心共同编著，参编单位有中建工程产业技术研究院有限公司、中国建筑第八工程局有限公司、中建科技集团有限公司、中建三局集团北京有限公司、中建一局集团建设发展有限公司、中建三局第一建设工程有限责任公司。希望本书对从事建筑节能、净零能耗建筑、建筑碳减排相关技术、咨询、管理人员提供参考和指导。因水平有限，疏漏与不足之处，恳请读者批评指正。

本书编写组

2021年12月

目　　录

第1章 净零能耗装配式建筑技术发展分析

1.1 国内外净零能耗建筑发展历程

1.1.1 净零能耗建筑发展背景

我国建筑运行阶段碳排放超过 20 亿 t 二氧化碳，约占全社会总碳排放的 21%，相比发达国家和世界平均水平还将持续上升。要实现由能源活动引起的碳排放控制目标，需要对建筑能耗进行控制。要满足人民对美好生活的需求，提升室内舒适度与环境水平，需要解决日益凸显的建筑用能的刚性增长需求与节能减排紧迫性之间的矛盾。

通过对总人口与城镇化率、建筑面积、建筑用能强度和建筑用能结构这 4 个影响建筑碳排放的关键因素进行分析，结合我国建筑用能特点与建筑节能发展现状，预计我国建筑运行能耗将于 2040 年左右达峰，建筑运行阶段碳排放峰值将超过 30 亿 t 二氧化碳，这意味着建筑部门的碳达峰时间将远落后于国家 2030 年实现碳达峰的目标。因此，我国建筑领域迫切需要寻找一条更高能效的节能减排实施路径，其中，发展超低能耗建筑、近零能耗建筑、净零能耗建筑等是实现"双碳"目标的主要措施之一。

世界各国对于净零能耗建筑有不同的定义。例如，德国"被动房"（又名：能耗建筑、零能耗建筑），指在满足规范要求的舒适度和健康标准的前提下，全年供暖通风空调系统能耗在 $0\sim15kWh/(m^2 \cdot a)$ 的范围内、建筑物年总能耗低于 $120kWh/(m^2 \cdot a)$ 的建筑。在我国，净零能耗建筑可以被定义为：该建筑物能够很好地适应当地的自然气候条件，通过合理选用各种建筑节能技术、建筑材料以及高效设备系统，以更少的能源消耗提供室内舒适环境，其建筑能耗应在现有的建筑节能标准水平上再降低 75% 以上。净零能耗建筑逐渐成为未来建筑的主流发展趋势，德国、美国等多个国家和地区陆续提出了净零能耗建筑的发展目标，并且正在积极制定和落实相关政策，建立具体的技术标准和体系。

1.1.2 国内净零能耗建筑发展历程

我国建筑节能先后开展了节能建筑、超低能耗建筑、近零能耗建筑、净零能耗建筑等几种集成技术方案。超低能耗建筑、近零能耗建筑是适应气候特征和场地条件，通过被动式建筑设计最大幅度降低建筑供暖、空调、照明需求，通过主动技术措施最大幅度提高能源设备与系统效率，充分利用可再生能源的建筑，其建筑能耗水平与现行国家标准、行业标准相比降低 50% 以上，而净零能耗建筑则降低 75% 以上。超低能耗建筑、近零能耗建筑、净零能耗建筑三者之间在控制指标上相互关联，在技术路径上具有共性要求。建筑节能技术措施也从单纯强化围护结构保温，过渡到综合考虑主被动结合设计，利用可再生能源和智能化等多种技术，共同完成提高建筑低碳节能效果的目标。

我国发展净零能耗建筑已有近 10 年的时间，从引入欧美国家技术标准的早期探索，到现阶段国家标准《近零能耗建筑技术标准》GB/T 51350—2019 的正式实施，经历了从无到有、从少到多的阶段，也从借鉴发达国家经验和技术指标体系到以国家标准形式建立适合我国国情的完整的设计、施工、验收、评价标准体系的过程。国务院发布的《"十三五"节能减排综合工作方案》，强调强化建筑节能工作，实施建筑节能先进标准领跑行动，开展超低能耗建筑建设试点。2017 年 3 月，住房和城乡建设部印发的《建筑节能与绿色建筑发展"十三五"规划》，提出开展超低能耗小区（园区）示范工程试点。2019 年，住房和城乡建设部发布了国家标准《近零能耗建筑技术标准》GB/T 51350—2019，正式拉开了我国大规模发展净零能耗建筑的序幕。2021 年 3 月 15 日，中央财经委员会第九次会议指出，要实施重点行业领域减污降碳行动，工业领域要推进绿色制造，建筑领域要提升节能标准，交通领域要加快形成绿色低碳运输方式。2021 年 4 月，《中美应对气候危机联合声明》指出，要将节能建筑单独作为降低温升的重点任务，逐步提升建筑节能标准至净零能耗建筑指标要求是未来工作重点之一。

1.1.3　国外净零能耗建筑发展历程

欧盟等发达国家为应对气候变化、实现可持续发展，不断提高建筑能效水平。德国"被动房"是实现净零能耗目标的一种技术体系，它在提升围护结构热工性能和气密性、降低建筑供暖需求方面有显示出极大优越性。美国要求 2020—2030 年"零能耗建筑"应在技术经济上可行。许多国家都在积极制定净零能耗建筑发展目标和技术政策，建立适合本国特点的净零能耗建筑标准及相应技术体系。

1.2　国内外净零能耗建筑标准及技术体系对比

1.2.1　中国净零能耗建筑标准及技术体系

我国从"十五"时期开始，建筑节能经历了节能建筑、超低能耗建筑、近零能耗建筑、净零能耗建筑等几个阶段。自 1986 年开始，我国建筑节能标准分为三个阶段，目前节能率已达到 65%。北京、天津等地在居住建筑方面已经开始执行节能 85% 的五步节能标准。2017 年开始，河北、山东、北京等地开展了超低能耗建筑试点工作，并出台了相关技术标准和奖励政策，以更快地推动低能耗建筑的发展。我国在超低能耗建筑标准的制定上取得了巨大的进步，整个体系已初步形成，基本覆盖了民用建筑节能的所有领域。我国净零能耗建筑设计与评价标准，主要采用《近零能耗建筑技术标准》GB/T 51350—2019。净零能耗建筑正在成为国内外建筑节能的一个发展趋势，可提高我国加强建筑领域节能减碳的综合竞争力。

我国正在积极探索适合国情的净零能耗建筑技术体系，通过建筑布局优化、围护结构保温隔热、高气密性等技术来降低室内冷热负荷需求，同时搭配高效能源系统来降低能耗，从而建设符合所在地区气候条件的节能建筑（图1-1）。目前我国净零能耗建筑主要

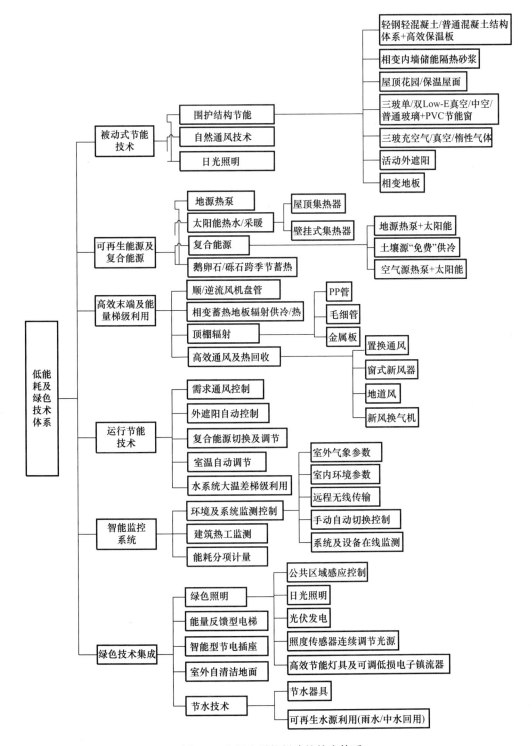

图1-1　我国净零能耗建筑技术体系

以北方地区为主，建筑保温工艺、节能技术等技术体系均基于北方地区净零能耗建筑工程，该技术体系已初步建立；对于其他气候区技术体系的研究也正在趋于完善。

1.2.2　美国净零能耗建筑标准及技术体系

在建筑节能相关技术领域，美国处于领先的地位。建筑作为一种产品就必须遵循针对产品制定的最低的能效标准，这类标准一般都以强制性法律、法规的形式发布。美国最低能效标准的制定一般采用政府组织、由第三方中介机构完成的方法，制定过程比较严格；除推行强制的标准之外，美国各级政府和公用事业单位采取多种激励措施并积极发挥示范作用，促进自愿性能耗标识产品的推广应用。例如，美国绿色建筑协会（USGBC）建立的 LEED 评价标准，旨在加强绿色建筑的竞争力，提高公众对绿色建筑的认识和需求。

1.2.3　德国净零能耗建筑标准及技术体系

德国的净零能耗建筑标准可追溯到 1938 年出版的《高层建筑保温》DIN4110 标准，1952 年、1960 年与 1969 年分别修改引入保温等级；1974 年出台《高层建筑保温》DIN4108 标准。德国从 1977 年颁布第一部保温法规到 2012 年进一步修改建筑节能条例（EnEV），共经历了六个节能阶段，建筑供暖能耗已由最初的 220kWh/(m^2·a)下降到 2014 年的 30kWh/(m^2·a)的水平。在过去 20 年里，通过一系列措施，德国新建建筑单位居住面积的供暖能耗降低了 40% 左右，在此基础上，2020 年和 2050 年，供暖能耗应分别再次降低 20% 和 80%。

德国是世界上第一个建造被动房（1991 年）的国家，在经历了 30 多年的发展后，其净零能耗建筑标准体系已相当完善。由于德国特殊的气候特点，其净零能耗建筑主要解决冬季供暖问题，对夏季供冷的研究较少。德国超低耗能建筑主要包括 RAL 认证体系下的低能耗建筑、被动房、三升房等类。其规定低能耗建筑的传热损失要比现行的 EnEV2009 低 30%，同时对其他的指标例如保温、气密性和通风系统进行了更严格的规定，并形成相应的技术路线。

1.2.4　小结

我国地域广阔，各地区气候差异大，经济发展水平和室内环境标准低，建筑特点、建筑技术和产业水平以及人们生活习惯和德国、美国相比存在很大不同。在我国住房和城乡建设部与德国联邦交通、建设及城市发展部的支持下，住房和城乡建设部科技发展促进中心与德国能源署自 2007 年起在建筑节能领域开展技术交流、培训和合作，引进德国先进建筑节能技术，以被动式净零能耗建筑技术为重点，建设了几项净零能耗绿色建筑示范工程。同时与美国、加拿大、丹麦、瑞典等多个国家开展了近零能耗建筑节能技术领域的交流与合作，示范项目在山东、河北、新疆、浙江等地陆续涌现，取得了很好的效果。

1.3　国内外装配式建筑发展历程

1.3.1　装配式建筑发展背景

　　装配式建筑（也被称为预制装配式建筑）是以组装配件为主的建筑形式，将墙、柱、梁等建筑部件提前在工厂里预制成品后，运输到施工现场进行组装，如同搭积木一样，形成房屋的一种建筑形式。装配式建筑包括装配式混凝土建筑、装配式钢结构建筑、装配式木结构建筑以及各类装配式组合结构建筑。装配式建筑有如下三大特点：

　　（1）设计标准化、多样化。装配式建筑设计过程中在保证结构质量安全的情况下可实现个性化、多样化的灵活设计，以便居住者在使用过程中可根据实际需求调整房屋的构造。与此同时，考虑到装配式建筑全过程，基础构件设计也会按照一定标准进行，生产及施工效率高，发挥出装配式建筑项目施工工期短、后期维修便利的优势。

　　（2）构件制造工厂化、现场装配化。装配式建筑将传统建筑项目现浇构件阶段提前到生产阶段，构件在生产车间统一管理及制造，在施工现场由安装技术人员机械吊装，一定程度上减少了施工现场作业人员及建筑垃圾，提高工程效率，受气候影响较小。

　　（3）建设过程信息化、绿色化。装配式建筑的构件材料选用灵活，施工过程中扬尘、噪声等环保污染减少，在当今时代科学技术不断发展的背景下，装配式建筑项目可结合BIM、RFID 等信息技术对建造过程进行信息化管理，有利于项目信息的整合及构件的管理。

　　推广装配式建筑在我国是非常有必要的：

　　（1）人力成本增加，倒逼装配式建筑产业发展。1949 年以来，我国人口高增长带来的房屋建设需求及充足的人力资源是传统建筑行业发展的内生动力。相比于现浇式建筑大量使用人工的建造方式，装配式建筑运用精细化分工提升了生产效率。

　　（2）环保要求持续趋严，推动装配式建筑产业发展。在我国城市建设的快速发展背景下，建筑扬尘、建筑垃圾对环境破坏的问题已经越来越严重。研究报告显示，我国每年产生的建筑垃圾达 24 亿 t 左右，占城市垃圾总量的 40%。为降低建筑业带来的环境污染，国家出台多项环保政策，要求发展绿色建筑。装配式建筑采用了工厂化制造、现场拼装的生产方式，施工过程较现浇结构大大简化，现场消耗人工量大大减少，减少原材料使用量，缩短建设周期，显著降低施工扬尘和噪声污染。

　　（3）装配式建筑技术不断完善，市场接受度持续提升。近年来，我国已在装配式建筑的设计、施工、验收等各个行业制订了多个国家标准和行业规范、规程，现有的装配式建筑标准在不断地修订、更新和完善。BIM 等技术应用提高了建筑领域各专业协同设计能力，利用信息化手段加强对装配式建筑建设全过程的指导和服务，实现在建筑全生命周期内提高工作效率和质量，以及减少错误和风险的目标。装配式建筑产品不断丰富，消费者接受度不断上升。早期装配式建筑在行业中是全新产品，与传统建筑施工的方式存在较大差异，市场参与方接受度不高。但随着行业龙头公司技术水平持续提高，并持续推出样板房，房地产商和消费者对装配式建筑的接受度明显提升。

1.3.2　中国装配式建筑发展历程

中华人民共和国成立之初，我国就积极推进建筑装配化和构配件生产工业化，客观而言在推进建筑装配化方面几近与国外同步。期间由于种种原因，先后经历了启动发展期、低潮期和重新启动期三个时期。

1. 启动发展期（1950—1980 年）

中华人民共和国成立之初，国务院就出台了《关于加强和发展建筑工业的决定》，开始在全国建筑业推行标准化、工厂化、机械化，大力发展预制构件、装配化施工技术及预制装配式建筑。在原国家建委和各工业部委的共同推动下，覆盖建筑、铁道、交通等领域。全国兴建了数以千计的混凝土预制构配件加工厂，一度几乎所有的建筑都有"预制装配元素"，水平构件几乎都是用"预制装配方法"建成的。

2. 低潮期（1980—2008 年）

唐山大地震以后，震害调查表明，按照我国当时规范而建造的预制装配式建筑抗震性能不好，倒塌严重，导致 1980—2008 年期间预制装配式建筑几乎绝迹。混凝土现浇结构广泛应用，现浇技术得到了长足发展。

3. 重新启动期（2008 年至今）

2008 年之后，特别是 2016 年国家政策与激励措施极大地推动了装配式建筑的发展。2016 年 9 月，国务院办公厅发布的《大力推广装配式建筑的指导意见》，将全国范围划分为重点推进地区、积极推进地区、鼓励推进地区 3 个层级，力争用 10 年左右的时间，使装配式建筑占新建建筑面积的比例达到 30%。2018 年全国建筑业总产值 23.5 万亿元，同比增长 9.9%，全国建筑业房屋建筑施工面积 140.9 亿 m^2，同比增长 6.9%，建筑业从业人数达到 4419.24 万人，建筑业在国民经济中的作用和地位十分突出，是国民经济的支柱产业。随着国家对装配式建筑的重视，所有相关从产业在今后的市场将是非常巨大的。

1.3.3　美国装配式建筑发展历程

早在 20 世纪初，以美国为代表的北美国家已经开始了装配式建筑的推广发展，目前其装配式住宅项目的发展几近成熟，建筑工业化、集成化程度较高，住宅部件已经成为商品，可以按照人们的喜好任意选购，装配的机械、工具等也很完备，安装施工技术成熟、专业。北美国家的装配式建筑主要包括预制外墙及构件两类，其共性表现在大型化及预应力相结合，设计中对结构配筋及连接构造进行优化，减少了生产和安装的工作量，缩短工程进度，充分体现工业化、标准化和技术经济性特征。

20 世纪 70 年代，美国装配式建筑的发展新阶段开始，其标志性事件是 1976 年由美国国会通过的《国家工业化住宅建造及安全法案》及同年由美国装配式住宅和城市发展部出台的一系列具有强制性的标准，其中包括项目建设过程中对安全及水暖、电热、管道等各专业系统的相关内容，这些政策有力地推进了美国建筑行业发展装配式建筑从量到质的变化，这套体系也逐渐融入美国建筑的通用体系中。

21世纪初，美国国会出台的《装配式住宅改进法案》对装配式建筑项目过程中相关责任进行了界定，并将其内容与法律结合，强调了项目安装施工安全的重要性及企业的责任。据不完全统计，美国的装配式建筑比例现已达到了90%，其预制构件及部品的标准化、系列化、专业化、商品化及社会化程度几乎达到了100%，在注重质量以外更加注重美观、舒适性及个性化。

1.3.4 德国装配式建筑发展历程

德国柏林早在1926年就出现了第一个装配式住宅建筑。由于第二次世界大战后的住宅紧缺及大量难民回归故乡，德国开始利用预制混凝土板技术进行住宅项目的建设，既缩短了建筑的建造工期，又节约了一定的造价。但随着大众审美的提高及大板式预制建筑设计单一，1990年后混凝土叠合墙板技术开始迅速发展。目前德国的建筑项目大都能根据项目的特点进行建筑类型的选择，通过对项目建设全过程的精细优化来综合考虑项目的经济、环保、功能及个性化目标，使用能够平衡各目标之间发展的建筑类型。

随着BIM的发展和应用，德国的建筑工业化水平也在不断提升，表现在其建筑的技术、部件的精细化程度越来越高，如预制体系按材料不同分为钢结构装配式技术体系、混凝土结构装配式技术体系、木结构装配式技术体系等。德国的装配式住宅主要采取叠合板、混凝土剪力墙结构体系。德国装配式建筑发展的关键在于其强大的建筑产业链，高校、研究机构和企业研发提供技术支持，施工企业与机械设备供应商密切合作。

1.4 国内外装配式建筑标准及技术体系对比

1.4.1 中国装配式建筑标准及技术体系

我国鼓励推广装配式建筑适用技术，引导企业积极采用新技术、新工艺、新材料、新装备，根据市场需求和绿色节能要求，推广应用装配式混凝土结构、钢结构、钢混结构等多类工业化建筑结构体系；全面采用预制装配式内外墙板、楼梯、叠合楼板、阳台、雨篷等部品构件，推广构件设计、生产模具模块化；大力发展和应用太阳能与建筑一体化、结构保温装修一体化、门窗保温隔热遮阳新风一体化、成品房装修与整体厨卫一体化，以及地源热泵、供暖与新风系统、建筑智能化、水资源再生利用、建筑垃圾资源化利用等成套技术。

我国装配式建筑发展的主要技术路线为"引进吸收后再创新"。目前有项目实践的引进体系主要有法国的结构体系、澳大利亚的"全预制装配整体式剪力墙结构（NPC）体系"、德国的双皮墙体系等。按结构形式分类，预制装配式混凝土结构可以分为框架结构和剪力墙结构。

自主研发的非预应力框架结构主要有天津大学的约束混凝土柱装配整体式框架结构体系，该体系的技术特点为：结构梁采用钢梁，楼板采用预制空心楼板，柱采用外包钢管连接。钢梁端部焊有端板，节点核心区设有钢板箍（留有螺栓孔），用高强长螺栓连接。此结构体系合理发挥了钢材和混凝土的力学性能，减少了梁柱节点的湿作业，提高了节点结构性能，但其构件生产和运输成本有所增加。剪力墙结构主要包括深圳万科和远大住工的内浇外挂体系、合肥宝业集团引进的双皮墙体系和全预制剪力墙体系。全预制剪力墙体系又包括中南集团的 NPC 体系、宇辉集团剪力墙体系、山东万斯达剪力墙体系、北京万科剪力墙体系和中建 MCB 体系等。

内浇外挂体系是房地产企业应用较为广泛的装配式体系，其主要特点是受力结构现浇，墙板外挂。此结构体系一般配合铝模板、钢模板等使用，预制率较低，成本介于现浇结构和全预制剪力墙体系之间。各地区全预制剪力墙体系之间的主要区别在于剪力墙竖向钢筋的连接方式不同以及楼板形式的差异。目前有工程应用的主要剪力墙竖向钢筋传力方式为套筒连接（分为全灌浆套筒和半灌浆套筒）和浆锚连接。其中中南集团第五代 NPC 技术采用的是改进型混合连接技术（边缘构件双排钢套筒＋分布钢筋双排配筋、单排浆锚连接），宇辉集团剪力墙体系采用的是基于螺旋箍筋约束浆锚连接技术的装配整体式剪力墙结构，山东万斯达和中建 MCB 体系采用的是全套筒灌浆连接，北京万科采用半套筒连接技术。

1.4.2 美国装配式建筑标准及技术体系

在美国，大城市的装配式住宅以装配式混凝土结构和钢结构为主，小城镇则以轻钢结构和木结构为主。美国住宅用构件和部品的标准化、商品化程度很高。用户可以通过产品目录买到需要的产品。美国装配式构件采用 BL 质量认证制度，设计遵从 PCI 协会编制的《PCI 设计手册》《预制混凝土结构抗震设计》。经过近一个世纪的发展，美国装配式建筑产业已经建立了完善的专业化、标准化、模块化、通用化技术体系，并在近年来发掘和推行环保与低碳节能的绿色装配技术，其发展的新型技术体系有：ACSTC 干连接装配混凝土结构技术体系，DBS 多层轻钢结构住宅体系，Conxtech 钢框架技术体系，Modu. larize 模块化技术体系等。美国在不断提高装配式建筑品质要求的前提下，更加注重市场机制，政府的主要作用是对标准规范进行把控。

1.4.3 德国装配式建筑标准及技术体系

德国是世界上住宅装配化与建筑能耗降低幅度发展最快的国家，近几年在推广超低零能耗建筑的发展。德国主要采用叠合墙、T 梁、双 T 板、预应力空心楼板、叠合板等结构，其中叠合墙是德国首创和应用广泛的构件形式。在德国，双皮墙拥有先进的全自动生产流水线，生产效率和标准化率高。但是此种结构形式存在叠合受力性能不明确、中间现浇层混凝土易收缩和振捣困难等问题。德国的装配式建筑发展过程中，无论是在标准制定、投资和制造等方面，政府主导作用较强。

1.5 净零能耗装配式建筑设计建造技术要点

1.5.1 净零能耗装配式建筑设计要点

1. 净零能耗设计要点

建筑规划，要求建筑的布局宜与周边生态环境、资源分布、水文地质、人文历史相适应，实现合理的功能划分、空间利用、资源配置以及保持当地地理历史脉络；建筑外部环境，要求建筑外墙、屋面、阳台、庭院达到较高绿化率，净化空气，创造优良的富氧环境。

净零能耗建筑设计应从建筑体形系数、弹性设计、节能设计、智能设计的角度综合考虑以下五个方面：①建筑宜采用规则平面，减少形体凹凸变化，以降低其体形系数，实现建筑热耗下降；②建筑要充分利用自然采光，通过控制建筑层高和留设大面积阳台，形成空气对流自然通风，降低对空调设备的依赖；③建筑应为楼梯、水电、通信发展和周边环境变化等预留基础量、预留管道空间和预留空地等；④建筑外窗包括透明幕墙的面积比、开启面积应符合要求，且宜安装外部遮阳，避免建筑被阳光直射，利于外墙表面降温，保持室内凉爽，节约空调耗电；⑤建筑宜与通信技术、大数据技术、智能化技术融合，实现温湿度、亮度等自动调控，达到高标准低能耗、高效能低污染的目标。

2. 装配式设计要点

装配式建筑设计，应综合考虑以下 8 个方面：①通过性能化设计方法优化围护结构保温、隔热、遮阳等关键设计参数，最大限度降低建筑供暖、供冷需求，性能化设计应贯穿设计全过程；②各专业间协同设计，机电工程师应参与建筑方案的设计，施工单位应参与建筑保温做法、热桥处理及气密性保障等细部设计，使设计意图能在施工中得到贯彻落实；③建筑体形系数对建筑能耗影响显著，建筑造型应紧凑，避免凹凸变化和装饰性构件，减少外围护结构面积，保持较小体形系数；④单体建筑的平面设计应有利于自然通风和冬季日照，建筑师需要通过多方面的技术分析进行建筑平面和空间匹配设计；⑤窗墙面积比应通过性能化设计方法经优化分析计算确定，既要从全年气候特点出发考虑窗墙面积比对建筑供暖、供冷需求的影响，同时应兼顾开窗面积对自然通风和采光效果的综合影响；⑥寒冷多风地区，应选择避风环境、尽可能减少散热面积、最大限度提高围护结构气密性以及尽量增加围护结构的热阻；⑦应充分考虑新风和排风管道布置和室内空间布局的关系，营造良好的气流组织；⑧应具有良好的隔声性能，宜以现行国家标准《民用建筑隔声设计规范》GB 50118 为依据。

净零能耗装配式建筑应当依据政府有关批文和现行相关法规、工程建设标准进行设计。相关专业在设计文件中应有装配式建筑的专项设计说明，明确净零能耗装配式建筑的结构体系、预制装配率、预制部品部件品种和规格、主要结构部品部件的连接方式、质量和安全保障措施等。净零能耗装配式建筑设计文件的编制深度应符合《建筑工程设计文件编制深度规定（2016 版）》及各地有关规定的要求。建筑、装饰装修应进行一体化设计。

净零能耗装配式建筑设计文件中采用超规范的结构体系，可能影响建设工程质量和安全且没有国家和省市技术标准的，应当依据相关规定由省建设行政主管部门组织专家评审并出具评审意见，审查机构依据评审意见和有关规定进行审查。

1.5.2　设计阶段技术要点分析

净零能耗装配式建筑设计方案，应充分注重气候、环境等因素，营造健康舒适的室内环境，降低能源消耗。在不同气候区，应因地制宜地采用适宜的技术路线，优化设计方案。不同气候区的净零能耗装配式建筑设计要点和技术难点如表 1-1 所示。

不同气候区净零能耗装配式建筑设计要点及技术难点分析　　　　表 1-1

气候区	设计重点	技术难点
严寒地区	提高围护结构保温性能；提高外窗太阳的热系数，降低热负荷；夏季基本不需要供冷	新风热回收防冻保护技术；高层建筑高性能围护结构的构造及施工工艺；高太阳得热系数低传热系数外窗；外窗遮阳性能冬夏可调；单一或多种可再生能源组合应用
寒冷地区	提高围护结构保温性能。夏季遮阳	
夏热冬冷地区	在外窗遮阳性能好的前提下，保温对降低冷负荷有效；地面保温、过高保温性能的外墙和外窗无节能效果；遮阳系数季节性变化，冬季无需供暖	除湿方式；高透光低透射外窗；外窗遮阳性能冬夏可调；单一或多种可再生能源组合应用；良好的气流组织
夏热冬暖地区	外窗遮阳节能潜力最大；地面保温、过高保温性能的外墙和外窗无节能效果；在满足居民热舒适的前提下，降低室内温度	湿负荷大，除湿方式；高遮阳性能外窗的可见光透射；良好的气流组织；单一或多种可再生能源应用；地面仅做防结露处理，无需保温

1.5.3　建造阶段技术要点分析

净零能耗装配式建筑在其建造阶段，除应满足现行国家标准《建筑节能工程施工质量验收标准》GB 50411 等相关要求外，还应按照经审查通过的设计文件和经批准的方案进行建造。通过细化施工工艺，严格过程控制，保障建造质量，并针对热桥控制、气密性保障等关键环节，制定专项施工方案。以非透明围护结构保温施工、门窗安装、建筑气密性处理和节点无热桥处理等为重点，新风系统的安装按照现行国家标准《通风与空调工程施工规范》GB 50738 和《通风与空调工程施工质量验收规范》GB 50243 的有关规定执行。

装配式建筑预制部品部件生产，应根据国家规定和相关技术标准、图集和施工图设计文件进行生产，并配备部品部件质量证明文件。预制部品部件应具有注明生产企业名称、制作日期、品种、规格、编号等信息的出厂标识。对安全质量影响较大的部品部件的生产和使用实行信息化管理。

1. 无热桥施工

净零能耗装配式建筑在建造阶段，热桥控制重点应包括外墙和屋面保温做法、外门窗安装方法及其与墙体连接部位的处理方法，以及外挑结构、女儿墙、穿外墙和屋面的管道、外围护结构上固定件的安装等部位的处理措施。

净零能耗装配式建筑在其建造阶段的外窗安装，外窗洞口与窗框连接处应进行防水密封处理，室内侧宜粘贴隔汽膜，或刷防水保温涂料，避免水蒸气进入保温材料；室外侧宜采用防水透汽膜处理，以利于保温材料内水汽排出；减少外窗框的热桥损失。避免出现空腔，造成对流换热损失和保温脱落隐患。

2. 气密性施工保障

净零能耗装配式建筑围护结构开口部位气密性保障应贯穿整个设计施工全过程，应注意外门窗安装、围护结构洞口部位、砌体与结构间缝隙及屋面檐角等关键部位的气密性处理。开口部位、管道、电线、电气接线盒等贯穿处进行封堵，保障气密性。施工完成后，应进行气密性测试，及时发现薄弱环节，改善补救。

3. 设备系统

暖通空调系统施工应加强防尘保护、气密性、消声隔振、平衡调试以及管道保温等方面细节的处理和控制。设备系统投入运行前应进行调适，并应确保主要用能设备和系统性能在实际运行工况下优化到合理范围。

设备防尘保护，应综合考虑以下两个方面：①施工期间风系统所有敞口部位均应做防尘保护，包括风道、新风机组和过滤器；②应及时清洗过滤网，必要时更换新的过滤器。

新风机组安装，应综合考虑以下三个方面：①机组与基础间、吊装机组与吊杆间均应安装隔声减振配件，管道与主机间应采用软连接，防止固体传声；②安装位置应便于维修、清洁和更换过滤器、凝结水槽和换热器等部件；③管道保温与主机外壳间应连接紧密，避免有缝隙，影响保温效果。

风管系统施工，应综合考虑以下三个方面：①宜采用高气密性的风管；②当进风管处于负压状态时，应避免和排风管布置在同一个空间里，防止排风进入送风系统；③新风管道负压段和排气管道正压段的密封是风系统施工的重点，宜在其接头等易漏部位加强密封，保障密闭性，同时减少噪声干扰。

1.6 小结

建造技术体系的日益成熟以及"双碳"目标的提出，促进了净零能耗建筑与装配式建筑建造技术相结合。净零能耗装配式建筑既具备装配式建筑在使用过程中节能减排的效果，又提高了净零能耗建筑的建造效率。净零能耗装配式建筑是我国建筑未来发展的必然趋势，也是推进节能减排、实现"双碳"目标的重要保障。建筑节能技术措施可通过主被动结合设计，可再生能源和智能化等多种技术，实现建筑低碳节能效果的目标。装配式建筑和建筑节能作为建造和运行阶段的技术手段，通过各阶段的技术融合，以达到全生命期节能减碳目的，最终实现建筑全过程的绿色化。在未来十年中，我国建筑行业科技工作者将积极探索并寻求符合国家利益和时代需求的建筑节能方案，持续推动建筑业绿色设计、绿色建造的全产业链发展。

第 2 章　标准化设计技术

2.1　标准化设计

建筑设计的标准化是实现装配式建筑目标的起点，标准化设计立足于客户，通过模块布局组合、居住空间的高效利用、人性化的部品设计等满足用户需求，按照统一的建筑模数、建筑标准、设计规范、技术规定等标准化的构件，形成标准化的模块，进而组合成标准化的楼栋，在构件、模块、楼栋等各个层面上进行不同的组合，形成多样化的具有工业属性的建筑成品。从建筑专业角度看，标准化设计主要包括平面、立面、构件和部品四个方面。

目前，住宅和办公类建筑应用标准化设计技术臻于成熟（图 2-1）。标准化设计对加快建设速度，提高工程质量，节约建筑材料，降低工程造价，促进建筑工业化等方面，可起到显著的作用。同时，标准化设计也会随着时间与客户需求在改变，并非一成不变。如较受市场欢迎的全生命周期产品，其根据客群不同生命阶段、不同生活需求的特点，采用以全生命周期理念结合开放的灵活空间，依靠精装一体化，为客户量身定做、自由调整，形成二人世界、三代同堂、老人之家等模式。

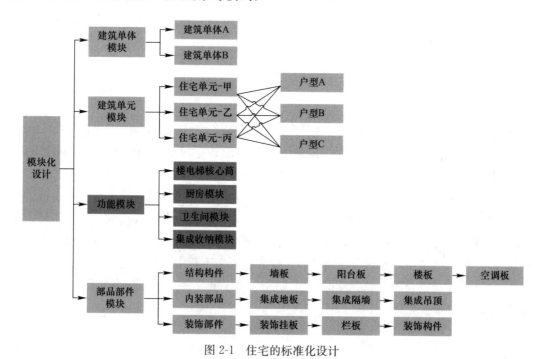

图 2-1　住宅的标准化设计

2.1.1 平面标准化

建筑平面标准化的组合实现各种功能的户型。平面设计的标准化通过平面划分，形成若干标准化的模块单元（简称标准模块），然后将标准模块组合成各种各样的建筑平面，以满足建筑的使用需求；最后通过多样化的模块组合，将若干标准平面组合成建筑楼栋，以满足规划和城市设计的要求。平面标准化是实现其他标准化的基础和前提条件。

1. 模数标准

模数用于建造过程的各个环节，在装配式建筑中尤其重要。没有模数和尺寸协调，就不可能实现标准化。建筑模数不仅用于协调结构构件与构件之间、建筑部品与部品之间以及预制构件与部品之间的尺寸关系，还有助于在预制构件的构成要素（如钢筋网、预埋管线、点位等）之间形成合理的空间关系，避免交叉和碰撞。通过模数协调可以优化部品部件的尺寸，使设计、制造、安装等环节的配合趋于简单、精确，使得土建、机电设备和装修的"一体化集成"和装修部品部件的工厂化制造成为可能。

装配式建筑的平面设计应符合国家相关建筑模数以及模数协调标准的规定，采用基本模数或扩大模数的设计方法，实现建筑模数协调。装配式建筑的模数协调应满足建筑结构体与建筑内装体、主体构件与内装部品的整体协调。宜采用以基准面定位的主体结构、主体构件和内装部品，其平面布局宜采用模数网络来表示，模数网络应为基本模数的倍数。

以住宅建筑为例，整体厨房、卫浴内部空间净尺寸应是基本模数的倍数，优先选用尺寸、净面积以及平面净尺寸应符合现行行业标准《住宅厨房模数协调标准》JGJ/T 262 和《住宅卫生间模数协调标准》JGJ/T 263 的规定，可插入模数 $M/2$（50mm）或 $M/5$（20mm）。优选尺寸系列推荐如下：

（1）装配式住宅建筑主体的结构网络宜采用扩大模数网络，且优先尺寸应为 $2nM$、$3nM$ 模数系列。

（2）内装部品集中布置区域的建筑空间尺寸应以装修完成面净尺寸为准。内装部品尺寸宜采用以 $1/10M$ 为基本模数，建立以"$1/10M \times 3 = 30mm$"为进级单位的二级模数系统，以 $1/100M$、$1/50M$、$1/20M$ 作为补充。

（3）楼板厚度的优选尺寸序列为 80mm、100mm、120mm、140mm、150mm、160mm、180mm。

（4）内隔墙厚度优选尺寸序列为 60mm、80mm、100mm、120mm、150mm、180mm、200mm，高度与楼板的模数序列相关。

2. 功能模块

许多建筑，如住宅、办公楼、公寓、酒店、学校等，建筑中许多房间的功能、尺度基本相同或相似，如住宅厨房、住宅卫生间、楼电梯交通核、教学楼内的盥洗间、酒店卫生间等，这些功能模块适合采用标准化设计。以下以住宅建筑为例进行介绍。

（1）起居室模块

1）起居室常用开间有以下几种选择：2700、3000、3200、3300、3400、3600、3800、3900、4000、4200 以及 4500（mm）。常用进深有以下几种选择：3600、3800、3900、

4000、4200、4500、4800、5000、5400 以及 6000（mm）。

2）起居室模块面宽不宜小于 2700mm，应满足家庭正常使用要求，并且应尽可能控制开向起居室的门的数量和位置，保证至少有一面不小于 1700mm 的电视墙。起居室应适当考虑适老性需求。

（2）卧室模块

1）主卧室常用开间有以下几种选择：3000、3200、3300、3400、3600、3800 以及 3900（mm）。

2）主卧室常用进深有以下几种选择：3200、3300、3400、3600、3800、3900、4200、4800 以及 5400（mm）。

3）次卧室常用开间有以下几种选择：2400、2600、2700、2800、3000、3200、3300 以及 3400（mm）。

4）次卧室常用进深有以下几种选择：2700、2800、3000、3200、3300、3400、3600 以及 4200（mm）。

5）双人卧室面宽不宜小于 2700mm，单人卧室面宽不宜小于 2100mm，并应配置储物柜，储物柜深度不小于 550mm。

6）卧室与起居室合二为一时，首先考虑复合功能需求。卧室应适当考虑适老性需求。

（3）厨房模块

1）厨房常用开间有以下几种选择：（净）1500、1600、1800、2000、2100 以及 2400（mm）。常用进深有以下几种选择：（净）2400、2700 以及 3000（mm）。

2）厨房模块应包括橱柜、管道井、冰箱等功能单元模块，其中橱柜模块包含准备、洗涤以及烹饪三个子模块。同时厨房模块各功能单元应根据普遍性使用需求进行安排。

3）厨房模块中管道井应集约布置，并适当安排检修口。

4）厨房模块设计应考虑适老性需求。轮椅进出的独用厨房，使用面积不宜小于 $6.00m^2$，其最小短边净尺寸不应小于 2.1m。

（4）卫生间模块

1）卫生间模块常用开间有以下几种选择：（净）1200、1500、1600、1800、2000、2100 以及 2400（mm）。

2）卫生间模块常用进深有以下几种选择：（净）1200、1500、1600、1800、2000、2100 以及 2400（mm）。

3）卫生间模块包括如厕、淋浴、管道井等功能模块。根据普遍性使用习惯以及常规习俗需求，进行合理布置。

4）卫生间各功能模块的组合应适当考虑管道井管线安装的便易性。

5）卫生间模块设计应适当考虑适老性要求，同时考虑残疾设施设置。

（5）其他功能模块

1）书房常用开间有以下几种选择：2700、3000 以及 3300（mm）。常用进深有以下几种选择：3000、3300、3600、3900 以及 4200（mm）。

2）餐厅常用开间有以下几种选择：2100、2400 以及 3000（mm）。常用进深有以下几种选择：2400、3000 以及 3200（mm）。

3）当餐厅独立设置或与起居室合并时，宜独立设置照明。

4）门厅模块应适当考虑收纳、临时置物、整理妆容、装饰等功能单元模块，设计应符合普遍性使用习惯以及常规习俗需求。尺寸根据需要进行调整。

5）阳台模块应包括收纳、洗衣晾晒、休息等功能单元模块，设计应符合普遍性使用习惯以及常规习俗需求，适当考虑给水点、照明以及电源设置。必要时需加设洗手盆或者洗衣机。

常用功能模块布置方式如图 2-2 所示。

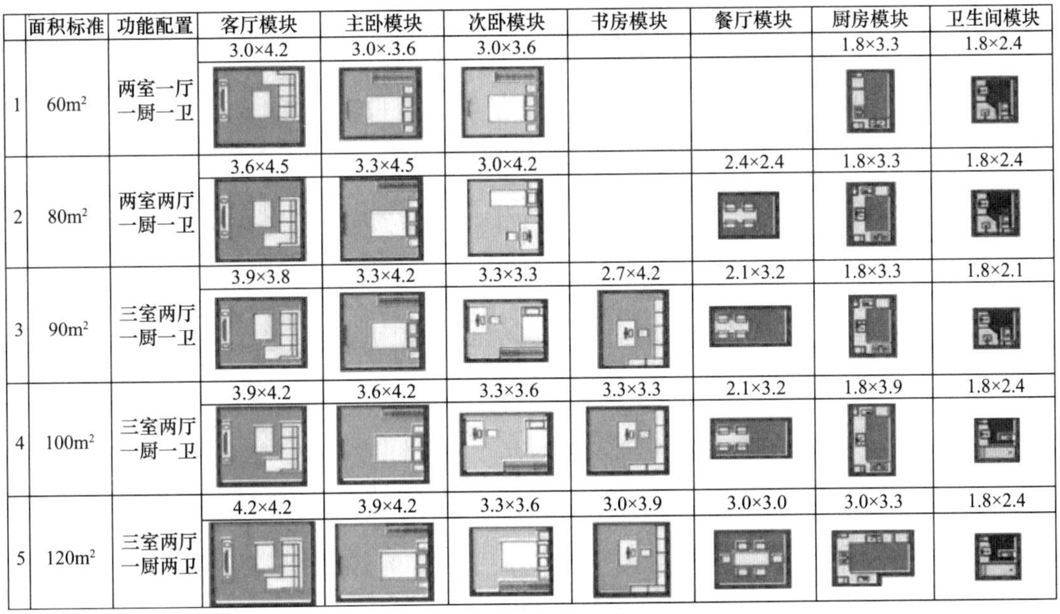

	面积标准	功能配置	客厅模块	主卧模块	次卧模块	书房模块	餐厅模块	厨房模块	卫生间模块
1	60m²	两室一厅一厨一卫	3.0×4.2	3.0×3.6	3.0×3.6			1.8×3.3	1.8×2.4
2	80m²	两室两厅一厨一卫	3.6×4.5	3.3×4.5	3.0×4.2		2.4×2.4	1.8×3.3	1.8×2.4
3	90m²	三室两厅一厨一卫	3.9×3.8	3.3×4.2	3.3×3.3	2.7×4.2	2.1×3.2	1.8×3.3	1.8×2.1
4	100m²	三室两厅一厨一卫	3.9×4.2	3.6×4.2	3.3×3.6	3.3×3.3	2.1×3.2	1.8×3.9	1.8×2.4
5	120m²	三室两厅一厨两卫	4.2×4.2	3.9×4.2	3.3×3.6	3.0×3.9	3.0×3.0	3.0×3.3	1.8×2.4

图 2-2　常用功能模块布置方式

3. 大尺度集成

许多建筑具有相似或相同体量和功能，可以对建筑楼栋或组成楼栋的单元采用标准化的设计方式，由大尺度的模块逐步集成。住宅小区内的住宅楼、教学楼、宿舍、办公、酒店、公寓等建筑物，大多具有相同或相似的体量、功能，采用标准化设计可以大大提高设计质量和效率，有利于规模化生产，合理控制建筑成本。

（1）套型模块

以住宅为例，B1 户型平面套内建筑面积约为 27.41m²，套型建筑面积约为 34m²（图 2-3）。可以结合单元平面布置，实现南面采光的一室一厅户型。主卧室以及厨房南向采光，采光通风良好。通过局部调整，可以放置在正东、正西以及正南位置，套型品质优良。

B2 户型平面套内建筑面积约为 45.03m²，套型建筑面积约为 54m²（图 2-4）。可以结合单元平面布置，实现南向以及西向同时采光的两室一厅一卫户型。主、次卧室南向采光，采光通风良好。厨房、起居室以西向采光为主。通过局部调整，可以放置在东南、西南、东北以及西北位置，套型品质优良。

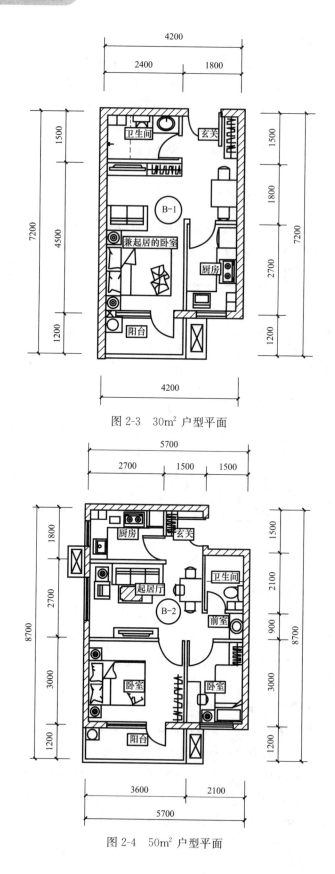

图 2-3 30m² 户型平面

图 2-4 50m² 户型平面

B3 户型平面套内建筑面积约为 37.51m²，套型建筑面积约为 45m²（图 2-5）。可以结合单元平面布置，实现西向、北向采光的一室一厅户型。主卧室以及起居室采用西向采光，采光通风良好，厨房北向采光。通过局部调整，可以放置在东北以及西北位置，套型品质优良。

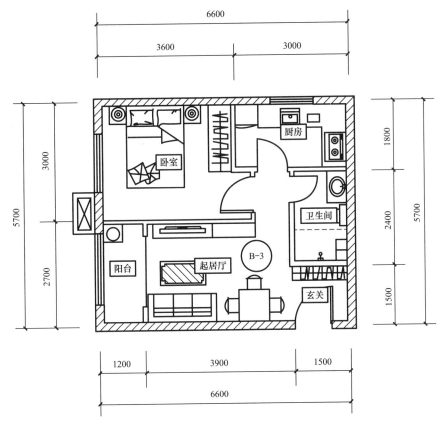

图 2-5 40m² 户型平面

B4 户型平面套内建筑面积约为 56.83m²，套型建筑面积约为 68m²（图 2-6）。可以结合单元平面布置，实现南北通透的两室一厅户型。主卧室南向采光，起居室东向采光，次卧室、厨房、卫生间采用北向采光。整体户型南北通透，通过局部调整，可以放置在东北以及西北位置，套型品质优良。

（2）单元组合

在上述四种模块的基础上，可以进行多种单元模式的组合，以下四种可以作为案例进行介绍。

1）B1＋B2。结合两种户型优势，围绕核心筒进行布置。所有户型通风采光良好。单元进深 22.8m，面宽 22.2m（图 2-7）。

2）B1＋B2＋B3。结合三种户型优势，将 B1 户型置于单元平面南向，B2 户型置于东南以及西南方向，B3 户型位于东北以及西北方向，单元平面整体南向采光为主，所有户型通风采光良好。单元进深 14.4m，面宽 28.2m（图 2-8）。

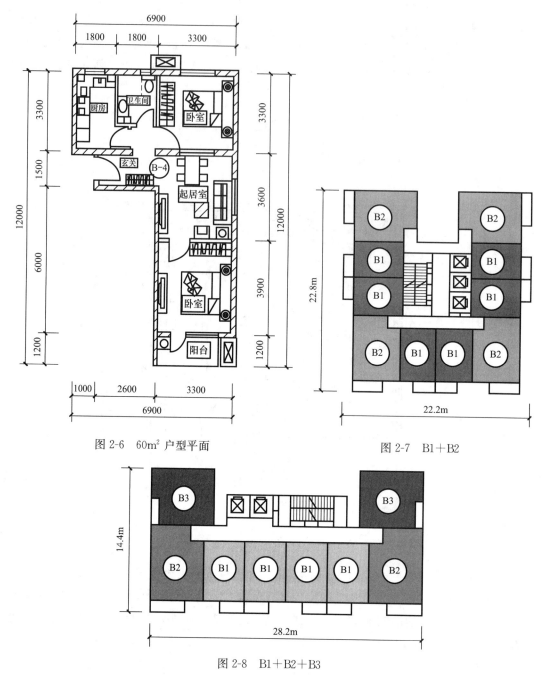

图 2-6 60m² 户型平面   图 2-7 B1＋B2

图 2-8 B1＋B2＋B3

3）B1＋B4。结合两种户型优势，将 B1 户型置于单元平面南向，B4 户型置于东北以及西北方向，单元平面整体南向采光为主，所有户型通风采光良好。单元进深 12m，面宽 23.4m（图 2-9）。

4）B1＋B2＋B3＋B4。结合四种户型优势，综合放置四种户型，将 B1 户型置于单元平面南向，B2 户型置于西南向，B3 户型置于西北向，B4 户型置于东向，单元平面整体南向采光为主，所有户型通风采光良好。不同户型模块的组合丰富单元平面的造型，立面造型丰富。单元进深 12m，面宽 25.8m（图 2-10）。

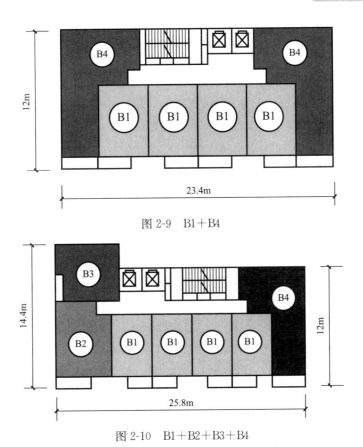

图 2-9 B1＋B4

图 2-10 B1＋B2＋B3＋B4

2.1.2 立面标准化

建筑立面标准化通过组合实现立面多样化。建筑立面是由若干立面要素组成的多维集合，通过利用每个预制墙所特有的材料属性，通过层次和比例关系表达建筑立面的效果。装配式建筑的立面设计，要分析各个构成要素的关系，按照比例变化形成一定的秩序关系，一旦形成预期的秩序，立面的划分也就确定下来，建筑自然也就获得了自己的形式。在立面设计中，材料与构件的特性往往成为设计的出发点，也是建筑形式表达的重要手段。

1. 墙板构件

装配式建筑的立面设计应利用标准化、模块化、系列化的套型组合特点，预制外墙板的各类接缝设计应满足构造合理、施工方便、坚固耐久的要求，应根据工程实际情况和所在气候区等，合理进行节点设计，满足防水及节能要求。预制外墙板可采用不同饰面材料展现不同肌理与色彩的变化，通过不同外墙构件的灵活组合，实现富有工业化建筑特征的立面效果。

外墙板接缝宽度应考虑热胀冷缩以及风荷载、地震作用等外界环境的影响。预制外墙板垂直缝宜采用材料防水和构造防水相结合的做法，可采用槽口缝或平口缝；预制外墙板水平缝采用构造防水时宜采用企口缝或高低缝。

2. 门窗构件

门窗和外墙部品等工业产品，宜考虑立面分格、饰面颜色、排列组合、韵律等要素。

在满足通风采光的基础上，可适度调节门窗尺寸，在分格方式上有可变的空间，主要是通过调节门窗尺寸、位置、虚实比例以及窗框分格形式等设计手法预留一定的灵活性。同时，预制外墙板上的门窗安装应确保连接的安全性、可靠性及密闭性。

3. 外墙部品

外墙部品需要进行精确设计。部品设计应遵循标准化、模数化原则，应尽量减少构件类型，提高构件标准化程度，降低工程造价。对于开洞多、异形、降板等复杂部位可进行具体设计。设计应充分考虑生产的便利性、可行性以及成品保护的安全性。当构件尺寸较大时，应增加构件脱模及吊装用的预埋吊点的数量。空调室外机搁板宜与预制阳台组合设置。阳台应确定栏杆留洞、预埋线盒、立管留洞、地漏等的准确位置。

4. 装饰构件

预制构件和部品外面的色彩、质感、文理、凹凸、构建组合和前后顺序等是可变的。立面设计可选用装饰混凝土、清水混凝土、涂料、面砖或石材反打、不同色彩的外墙饰面等实现多样化的立面形式。

预制外墙板宜采用工厂预涂刷涂料、装饰材料反打、肌理混凝土等一体化装饰的生产工艺。当采用反打一次成型的外墙板时，其装饰材料的规格尺寸、材质类别、连接构造等应进行检验，以确保质量。

5. 立面风格

（1）立面风格构成要素

结构墙板、门窗构件、外墙部品以及装饰构件（图 2-11）。

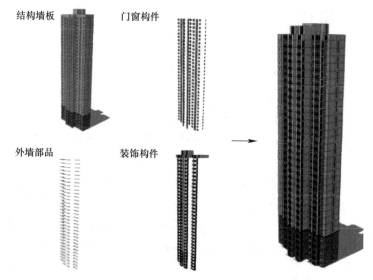

图 2-11 立面风格构成要素

（2）立面风格分类

1）平板外墙＋功能构件（图 2-12）：造型简单、纯净，体现功能特点。抛弃繁复的装饰，强调外立面材料本身的质感和对比。屋顶设计简约化，无明显的标志性。节约成本，技术成熟，经济性最好。

图 2-12　平板外墙＋功能构件

2）平板外墙＋预制挂板（图 2-13）：预制阳台板形成优美的横向线条，功能和造型紧密结合。加入了竖向的矩形线条，建筑构件和色彩、材质的对比，体现品质感。立面表现力增强，增加了构图的多样性，强调功能与形式的结合，集成程度低。

图 2-13　平板外墙＋预制挂板

3）平板外墙＋集成窗（图 2-14）：采光、遮阳、空调位一体化的集成窗体，凸出于墙面，形成具有现代感的立面效果。独特的肌理，造型新颖，富有冲击力。立面上突出的元素有机地排列，丰富不杂乱，具有动态美。窗构件工厂预制，施工现场直接吊装，集成程度高，经济性好。

图 2-14　平板外墙＋集成窗

4）集成外墙（图 2-15）：混凝土预制件设计的灵活性，使预制墙板的形状、外形、尺寸、纹理以及颜色有多种变化，构件精度高，立面造型加入更多细节。墙板集装饰、保温、围护、抗震功能于一体，实现功能与造型的完美结合。富于现代感，集成程度最高。

图 2-15　集成外墙

2.1.3　构件标准化

以标准构件为基础进行建筑设计，可以优化房屋的设计、生产、装配的生产流程，并使得整个工程项目管理更加高效。装配式建筑的构件设计可以采用信息化手段进行分类和组合，建立构件系统库，对优化房屋的设计、生产、建造、维修、拆除、更新等流程，提高工程项目管理的效率大有帮助。在技术设计环节中，可以从构件分类系统库里选取真实的构件产品进行设计，可以大大提高设计准确性和效率。当构件分类系统库中的构件不能满足相应的建筑要求时，可以与相关企业合作研发新构件，通过相关专业规范验证和产品技术论证后，存入构件分类系统库中，以备下次使用。在新构件研发之初，也会通过实际工程项目来验证其合理性。在施工环节，由于构件分类系统库中的构件都是成熟的建筑产品，施工企业提取相应的技术图纸进行标准化的建造与装配。在生产环节，生产单位按照相配套的技术图纸和产品说明书进行标准化的生产。构建标准化的主要过程包含以下方面：

1. 一边尺寸不变，另一边模数化延展的系列构件标准化设计

构件模数协调如表 2-1 和图 2-16 所示。

构件模数协调　　　　　　　　　　　　　　　　　　　　　　　表 2-1

构件种类	模数	不变尺寸（mm）	模数协调（mm）
预制外墙	$M=100$	2600	1600～5700
预制复合内墙	$M=100$	2600	2000～4000
预制阳台	$M=100$	500/600	1700～2900
预制楼梯	$M=100$	1200	5000
预制叠合楼板	$M=200$	6400	1400～2600

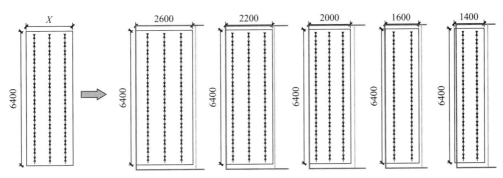

图中：深色粗实线为固定边模，浅色粗实线为可移动边模

图 2-16　边模协调

2. 基于基本功能单元的构件模数化组合设计技术

依据图 2-3～图 2-6 所示四种基本户型单元，竖向墙体构件首先进行 8800mm 协同边（模块接口的通用化墙体、通用化最高）的构件标准化设计，再依据以 6400mm 为基准、以 200mm 模数进行构件的标准化、通用化设计（图 2-17）。

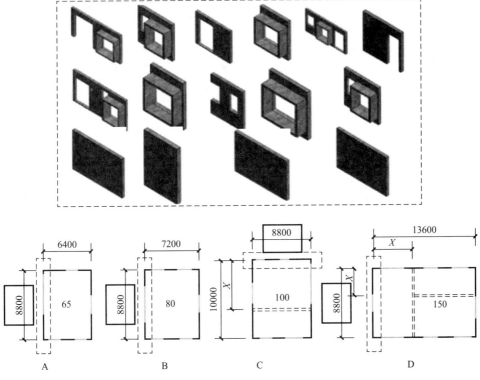

图 2-17　墙体构件标准化

依据四种基本户型单元，水平叠合板以 6400mm 为不变尺寸，以 200mm 为模数协调进行标准化设计，形成 5 种通用化预制叠合板，组成了品字形、蝶形、双拼和 Y 字形共 7 类组合楼栋平面（图 2-18）。

其余楼梯、阳台按照同样原则进行标准化设计。在构件组成标准化平面的同时，按照外墙的门窗、阳台、颜色的标准化，协同形成多样化的立面（图 2-19）。

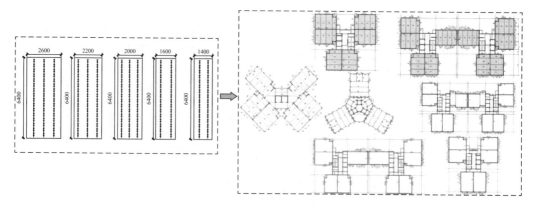

图 2-18　叠合板构件标准化

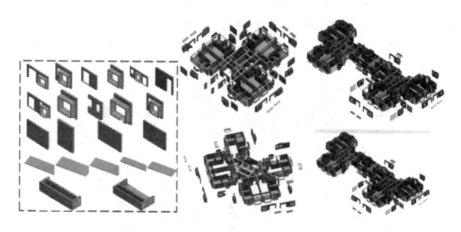

图 2-19　构件标准化

3. 构件钢筋笼的标准化深化设计技术

（1）在构件外形尺寸标准化基础上进行钢筋笼标准化设计：统一钢筋位置、钢筋直径和钢筋间距。

（2）建立系列标准化、单元化、模块化钢筋笼，实现标准化加工（图 2-20）。

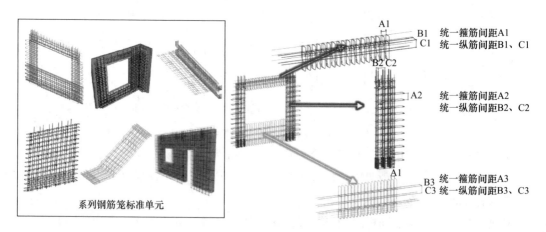

图 2-20　钢筋笼标准化

4. 构件连接区域的标准化设计

按照模数协调、最大公约数原理，以结构平面尺寸模数和构件尺寸模数的协调要求，确定构件连接区标准化模数。深圳某项目按照 100mm 的平面模数和 100mm/200mm 的构件模数的协调，确定为 $n×200$，以及 100mm×100mm 标准转角模数，可组合成满足需要的一形、L 形、T 形不同截面的布置需要（图 2-21）。

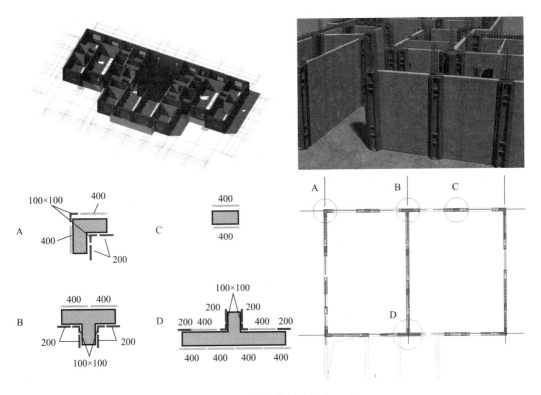

图 2-21　构件连接区域的标准化

2.1.4　部品标准化

建筑部品标准化实现了生产、施工高效便捷（图 2-22）。建筑部品标准化要通过集成设计，用功能部品组合成若干"小模块"，再组合成更大的模块。小模块划分主要是以功能单一部品部件为原则，并以部品模数为基本单位，采用界面定位法确定装修完成后的净尺寸；部品、小模块、大模块以及结构整体间的尺寸协调通过"模数中断区"实现。

1. 厨房部品标准化设计

以烹饪、备餐、洗涤和存储厨房标准化功能单元模块为基础，通过模数协调和模块组合，满足多种户型的需求，实现厨房部品的标准化设计（图 2-23）。

2. 卫生间部品标准化设计

以洗漱、淋浴、盆浴、如厕卫生间标准化功能单元模块为基础，通过模数协调和模块组合，满足多种户型的需求，实现卫生间部品的标准化设计（图 2-24）。

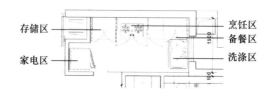

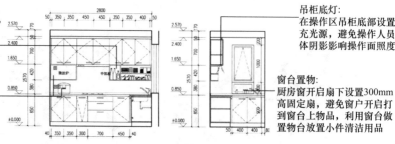

中部柜区：
该区域是使用最便利的区域，将常用的调料、杯碟、食材等安放在该区域，节省台面空间，柜体多为开敞柜格或金属架

厨房家电区：
将微波炉安装在吊柜下，操作高度在视线高度范围，且节省出台面空间放置电饭煲等厨房小家电

吊柜底灯：
在操作区吊柜底部设置补充光源，避免操作人员身体阴影影响操作面照度

窗台置物：
厨房窗开启扇下设置300mm高固定扇，避免窗户开启打到窗台上物品，利用窗台做置物台放置小件清洁用品

图 2-22　部品标准化

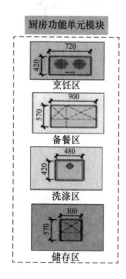

厨房功能单元模块

烹饪区

备餐区

洗涤区

储存区

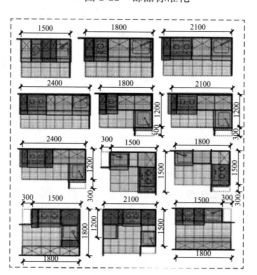

厨房组合效果图

图 2-23　厨房部品标准化

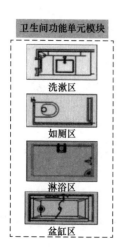

卫生间功能单元模块

洗漱区

如厕区

淋浴区

盆缸区

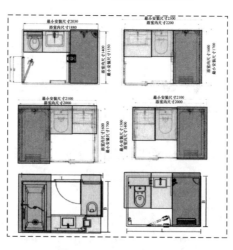

卫生间组合效果图

图 2-24　卫生间部品标准化

2.2 专业设计

2.2.1 结构专业

（1）预制装配式建筑体形、平面布置及构造应符合抗震设计的原则和要求。单元平面宜简洁规整、经济合理，可通过采用套型模块灵活组合的方法，以适应不同场地的建筑布局要求，塑造多样化的建筑形象。

（2）为满足工业化建造的要求，预制构件设计应遵循受力合理、连接简单、施工方便、少规格、多组合的原则，选择适宜的预制构件尺寸和重量，方便加工运输，提高工程质量，控制建设成本。

（3）建筑承重墙、柱等竖向构件宜上下连续，门窗洞口宜上下对齐，成列布置，不宜采用转角窗。门窗洞口平面位置和尺寸应满足结构受力及预制构件设计要求。

2.2.2 给水排水专业

（1）预制装配式建筑应考虑公共空间竖向管井位置、尺寸及共用的可能性，将其设于易于检修的部位。竖向管线的设置宜相对集中，水平管线的排布应减少交叉。

（2）穿预制构件的管线应预留或预埋套管，穿预制楼板的管道应预留洞，穿预制梁的管道应预留或预埋套管。

（3）管井及吊顶内的设备管线安装应牢固可靠，应设置方便更换、维修的检修门（孔）等措施。

（4）住宅套内宜优先采用同层排水，同层排水的房间应有可靠的防水构造措施。

（5）采用整体卫浴、整体厨房时，应与厂家配合土建预留净尺寸及设备管道接口的位置及要求。

（6）太阳能热水系统集热器、储水罐等的安装应与建筑一体化设计，结构主体做好预留预埋。

2.2.3 暖通专业

（1）供暖系统的主立管及分户控制阀门等部件应设置在公共空间竖向管井内，室内供暖管线宜设置为独立环路。

（2）采用低温热水地面辐射供暖系统时，分、集水器宜配合建筑地面垫层的做法设置在便于维修管理的部位。采用散热器供暖系统时，合理布置散热器位置、供暖管线的走向。

（3）采用分体式空调机时，满足卧室、起居室预留空调设施的安装位置和预留预埋条件。

（4）当采用集中新风系统时，应确定设备及风道的位置和走向。住宅厨房及卫生间应确定排气道的位置及尺寸。

2.2.4　电气专业

（1）确定分户配电箱位置，分户墙两侧暗装电气设备不应连通设置。

（2）预制构件设计应考虑内装要求，确定插座、灯具位置以及网络接口、电话接口、有线电视接口等位置。

（3）确定线路设置位置与垫层、墙体以及分段连接的配置，在预制墙体内、叠合板内暗敷设时，应采用线管保护。

（4）在预制墙体上设置的电气开关、插座、接线盒、连接管线等均应进行预留预埋。在预制外墙板、内墙板的门窗过梁及锚固区内不应埋设设备管线。

（5）隔墙内预留有电气设备时，应采取有效措施满足隔声及防火要求。竖向电气管线宜统一设置在预制板内，墙板内竖向电气管线布置应保证安全距离。

（6）设备管线穿过楼板的部位，应采取防水、防火、隔声等措施。设备管线宜与预制构件上的预埋件可靠连接。

2.2.5　装修专业

（1）装配式住宅建筑装修设计宜与建筑设计同步完成。

（2）装配式住宅建筑装修设计宜在建筑设计方案阶段就开展协同设计，强化建筑设计（包括建筑、结构、设备、电气等专业）的相互衔接，建筑内水、暖、电、气等设备、设施的设计宜定型、定位，避免后期装修造成的结构破坏和浪费。

（3）装修设计宜采用标准化、模数化设计；各构件、部品与主体结构之间的尺寸宜协调匹配，提前预留、预埋接口，易于装修工程的装配化施工；墙、地面块才铺装基本保证现场无二次加工。

（4）装配式内装设计应综合考虑不同材料、设备、设施具有不同的使用年限，设计的装修体应具有一定的可变性与适应性，便于施工安装和维护改造。

（5）建筑装修材料、设备在需要与预制构件连接时宜采用预留预埋的安装方法，当采用碰撞螺栓、自攻螺丝、粘接等固定法后期安装时应在预制构件允许范围内，不得剔凿预制构件和现浇节点，影响主体结构的安全性。

2.2.6　综合协同

1. 碰撞检查

首先，将拼装好的 Revit 结构整体模型导出至 Navisworks 软件中，添加碰撞测试，根据需求设置碰撞忽略规则，修改碰撞类型以及碰撞参数等、选择碰撞对象，然后运行碰撞检查。最后，对检查出的碰撞进行复核，并返回 Revit 软件修改模型。

将各专业模型整合到 Navisworks 后，添加各专业间的碰撞测试，如建筑模型 & 暖通，设置碰撞忽略规则，修改碰撞类型以及碰撞参数等、选择碰撞对象，然后运行碰撞检查。最后，对检查出的碰撞进行复核，并返回 Revit 软件修改模型。

2. 协同平台

将整合好的各专业模型及图纸文档上传到 BIM 协同云平台，以 Revizto 云平台为例，在协同平台上可以进行漫游、查看、测量、隐藏、半显、剖切模型构件等操作，供项目参与人员进行实时异地协同审图及交流沟通，如查看构件属性、图纸审核、文档批注等。还可以将构件的扩展属性与构件的加工、运输和安装的进度状态关联起来，通过对构件的颜色或亮显等属性设置，使项目参与人员实时、直观地掌握工程的进度情况，跟踪并提前处理掉设计施工问题，为项目节省成本。

根据碰撞检查报告及校对、审核的修改批注，在 Revit 中对当前模型进行修改调整，逐步优化设计，并将优化后的模型数据上传到协同设计平台。

经过初步校对、审核以及碰撞检查后，在 Revit 中创建相应图纸，如平面图、立面图、剖面图等，在二维图纸中再次进行图纸校核，校核完成后，可生成 CAD 或 PDF 图纸。

2.3 深化设计

2.3.1 设计流程

构件深化设计图纸的流程（图 2-25），需要总包及各专业单位、设计单位、监理单位和建设单位的层层审核，审核通过，各方签认之后，由建设单位下发深化设计图纸。

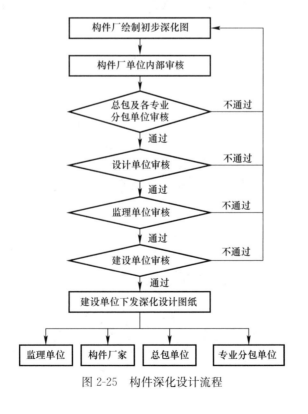

图 2-25 构件深化设计流程

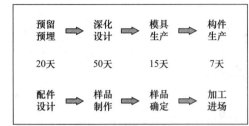

预留预埋	深化设计	模具生产	构件生产
20天	50天	15天	7天

| 配件设计 | 样品制作 | 样品确定 | 加工进场 |

构件的深化工作需要预留预埋提资确认、深化设计、模具生产和构件生产等环节，每个环节需要不同的前置条件：预留预埋提资确认前，需要进行配件设计；深化设计过程中，要进行样品制作；模具生产前，需要各方现行确定样品。单栋建筑标准层深化设计时间安排如图 2-26 所示。

图 2-26　单栋建筑标准层深化设计大致时间表

2.3.2　构件构成

1. 水平构件

装配式结构常见的水平构件类型有：预制叠合板、预制叠合梁、预制空调板、预制阳台板、SP 板、带肋预制底板（PK 板），如图 2-27～图 2-31 所示。

预留点位　外伸钢筋　桁架钢筋　粗糙面　预留孔洞

图 2-27　预制叠合板

预埋吊环　外伸锚固钢筋　粗糙面　预埋吊环

图 2-28　预制空调板

预埋吊点　预留孔洞　粗糙面　外伸锚固钢筋

图 2-29　预制阳台板

图 2-30　SP 板

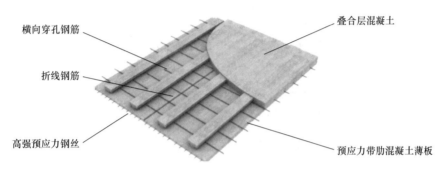

图 2-31　PK 板

其中，预制叠合板、预制空调板和预制阳台板为非预应力构件，在装配式结构体系中常用于住宅类建筑；SP 板和带肋预制底板（PK 板）为预应力构件，在装配式结构体系中常用于厂房等大跨度结构建筑。

2. 竖向构件

装配式结构中常见的竖向构件类型有：预制外墙板、预制内墙板、预制楼梯、预制柱、预制混凝土夹心保温外墙板和 PCF 板（PCF 板应用于剪力墙外墙阳角转角处，与预制混凝土夹心保温外墙板配合使用），如图 2-32～图 2-36 所示。

图 2-32　预制外墙（内墙）板

图 2-33 预制楼梯

预制梯段　预制防滑槽　预制滴水线　连接键槽　翻模吊点

图 2-34 预制柱

灌浆观察孔　预埋吊点　外伸钢筋　灌浆套筒　预埋斜撑点位

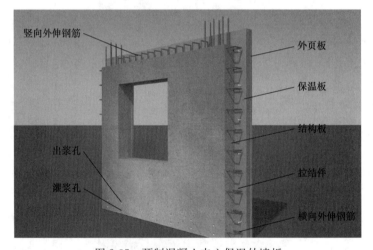

图 2-35 预制混凝土夹心保温外墙板

竖向外伸钢筋　外页板　保温板　结构板　拉结件　横向外伸钢筋　出浆孔　灌浆孔

图 2-36 PCF 板

对拉螺栓孔　不锈钢拉结件　预留外架孔　外伸钢筋

PCF 板是与预制混凝土夹心保温外墙板配合使用的，由保温板和外页板组成，应用于剪力墙外墙阳角转角处的预制构件。PCF 板通过拉结件与现浇内页板形成统一整体。

其中，预制外墙板、预制内墙板和预制混凝土夹心保温外墙板、预制 PCF 板多用于装配式住宅类项目，预制柱多用于装配式公建项目，预制楼梯在装配式住宅和公共建筑项目中均较为常用。

2.3.3 设计深度

构件深化设计图纸，主要包含构件平面图、构件外形、构件施工点位、构件设备点位四个方面。不同构件的具体控制点如下：

（1）墙板构件控制及审核要点如表 2-2、表 2-3 所示。

墙板构件控制要点　　　　　　　　　　　　　　　　表 2-2

墙板构件	构件平面图	墙板构件平面拆分
		转换层插筋图深化
	构件外形	墙板构件尺寸深化
		墙板钢筋尺寸深化，后浇带钢筋避让（含钢筋表）
		窗洞尺寸核对
		后浇带压槽位置深化
	构件点位 （施工条件）	吊点深化
		斜支撑点位深化
		支模孔点位深化（含钢筋避让）
		架体孔、防坠落网点位深化、卸料平台预留点位深化、塔吊附着点位深化（含钢筋避让）
		墙体金属埋件深化
	构件点位 （设备条件）	电气点位深化，线盒及线管规格深化（含钢筋避让）
		水管点位深化
		空调孔、新风孔深化（含钢筋避让）
		排烟孔深化（含钢筋避让）
		首层燃气入户孔深化（含钢筋避让）

墙板构件审核要点　　　　　　　　　　　　　　　　表 2-3

序号	审核要点
1	转换层插筋的定位准确性和转换层套筒位置匹配，根据插筋图钢筋位置核对构件主筋位置
2	根据平面图进行尺寸核对，关注上面企口缺失情况，空调板范围外页上部降板
3	顶层的预制外墙构件外页和保温的变化
4	根据楼板预制厚度考虑墙板内页高度和保温厚度（外伸高度）
5	根据套筒数据表核对钢筋规格，主要核对变径套筒主筋规格、套筒主筋灌浆外露长度（需结合套筒厂家，提前了解套筒的尺寸，各家略有不同）以及墙板洞口上连梁钢筋外深长度
6	核对顶层构件主筋折弯和长度尺寸
7	根据建筑图核对构件窗洞尺寸，检查滴水的形式是否与总说明一致，防腐木位置及规格核查（可以深化优化）
8	根据构件重量和吊装安全系数要求，选择吊装形式（吊钉或者吊环）

序号	审核要点
9	拐角位置的墙体斜撑布置是否有冲突，斜撑与悬挑外架工字钢是否有冲突，楼梯间、电梯井的斜支撑是否有问题
10	根据斜支撑厂家条件图落斜支撑套筒点位
11	根据精装图/电气图审核平面点位，关注主筋避让问题，注意排风扇、浴霸、红外幕帘、燃气探测器等位置不要缺失
12	区分强弱电及安防点位，注意强弱电进出管路区别，注意红外探测、燃气报警点位，根据系统图审核线盒的管径和材质（PVC或JDG，20管或25管）
13	根据给水排水图进行管线深化，是否暗埋，预留槽一般为图纸高度＋100mm（根据建筑做法厚度）
14	根据建筑图审核空调孔位置，注意客厅有挂式和立式两种形式，是否有新风口注意避开横向伸出钢筋，墙板外部预埋空调支架铁件
15	对墙板整体重量进行审核，确保塔吊吊重满足要求，对不能完成起吊的构件进行适当拆分

（2）楼梯构件控制及审核要点如表2-4、表2-5所示。

楼梯构件控制要点 表2-4

楼梯	构件外形	构件外形深化
		构件数量深化
		钢筋深化
	构件点位	栏杆预埋件深化
		电气点位深化

楼梯构件具体审核要点 表2-5

序号	审核要点
1	根据结构图纸进行审核，关注梯井位置深化，及有无面层，主要是标高的核对
2	根据建筑图纸进行楼梯方向和数量深化
3	根据楼梯图纸审核楼梯背部钢筋规格及间距
4	栏杆等预埋件的留置
5	根据电气图纸进行点位审核，关注接线位置及线盒材质

（3）水平构件控制及审核要点如表2-6、表2-7所示。

水平构件控制要点 表2-6

楼板	构件平面图	楼板构件平面拆分
	构件外形	楼板构件尺寸深化
		楼板钢筋尺寸深化，后浇带钢筋避让（含钢筋表）
		桁架规格及位置进行深化，注意桁架高度，确保管线交叠空间
		后浇带压槽位置深化
	构件点位（施工条件）	吊点点位深化
		斜支撑点位深化
		放线洞、悬挑架、卸料平台、打灰孔等点位深化（含钢筋避让）
	构件点位（设备条件）	烟风道、管井、排污口等点位深化（含钢筋避让）
		电气点位深化，线盒规格深化（含钢筋避让）
		燃气孔深化（含钢筋避让）

空调板/阳台板	构件外形	构件外形深化
		钢筋深化
		吊点深化
	构件点位	冷凝水管、雨水管、排污管点位深化（含钢筋避让）
		照明点位深化
		栏杆和百叶埋件深化

水平构件具体审核要点　　　　　　　　　　　　表 2-7

序号	审核要点
1	根据墙身图深化空调板厚度，根据结构平面图审核外形
2	进行钢筋明细核对，检查钢筋数量，双层网片
3	核查吊点数量满足吊装要求，吊点平衡
4	根据建筑图纸核对点位，如空调冷凝水管，雨水管等管线
5	根据精装图纸核对点位，如阳台灯的点位
6	其他如栏杆、百叶的预埋件等

2.3.4　出图标准

深化设计的主要内容是对混凝土预制构件装配、连接节点、施工吊装、临时支撑与固定、混凝土预制构件生产、预留预埋，以及构件脱模、翻转、吊装、堆放等进行进一步细化。

构件深化设计的成果主要有：深化设计总说明、预制构件布置图、构件加工图、节点详图、构件计算书等。

（1）深化设计总说明

深化设计总说明主要包括工程概况、材料、预制构件编号原则、预制构件的生产检验、预制构件的运输堆放、现场施工、施工质量验收等内容，是对项目装配式结构的整体概述，对钢筋、混凝土等材料以及质量验收标准做出了明确要求。

（2）预制构件布置图

预制构件的布置图，一般分为水平构件布置图和竖向构件布置图，是将建筑平面图依据设计要求，进行叠合板、空调板、阳台板、剪力墙及预制楼梯等构件的拆分工作，并在图上标注好构件的尺寸、编号等信息。

叠合板的拆分根据设计受力模型，可按现浇板带拼缝形式分为三种类型：

1）叠合板宽板带：叠合板受力方式为双向板，四面出筋，相邻叠合板之间有约300mm 宽现浇板带（图 2-37）；

2）叠合板窄板带：叠合板受力方式为双向板，四面出筋，相邻叠合板之间有 50～100mm 宽现浇板带；

3）叠合板密拼板带：叠合板受力方式为单向板，两面出筋，相邻叠合板制建采用密拼的方式，不留现浇板带。

竖向墙体构件的拆分：依据设计院提供的剪力墙平面布置图，综合考虑单个构件吊重、构件生产单位固定模台尺寸、钢筋套筒灌浆设备压力值等因素，进行墙体预制段和现

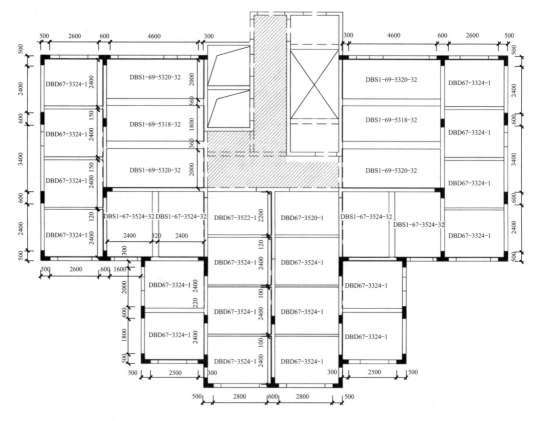

图 2-37　叠合板宽板带拆分示意图

浇段的拆分（图 2-38）。

（3）构件加工图

构件加工图主要用来指导构件加工厂进行构件生产工作，构件加工图的图号和预制构件布置图中的构件编号是一一对应的，主要内容包括：模板图、配筋图、预制构件信息表、预留埋配件规格数量表、钢筋明细表等。

模板图主要包含施工措施预留埋点位，如：斜支撑预留套筒点位、吊环吊装点位、模板对拉螺栓孔洞、企口深化位置、施工外脚手架预留穿墙洞、窗口免窗套木砖等信息（图 2-39）。

配筋图主要包含各预制构件的钢筋信息，如：钢筋排布间距、分布筋区域布置和套筒排布位置及间距等（图 2-40）。

预制构件信息表包含构件编号、构件重量、构件体积以及构件的应用数量。预留埋配件规格数量表是针对模板图中的预留埋配件进行规格数量的统计。钢筋明细表是针对配筋图中钢筋的数量、规格、加工尺寸等进行的统计。

（4）节点详图

节点详图主要用来指导水平构件及竖向构件之间的连接安装节点，主要包括：预制叠合楼板之间的中间支座节点图、预制叠合楼板的端支座节点、双向板拼缝节点、桁架细部详图、吊点位置大样图、后浇带节点图、预埋件埋设大样图、预制外墙板连接节点（一字形、L形、T形）、PCF板与外墙板水平连接节点、外墙板与楼板连接节点、墙板缺口

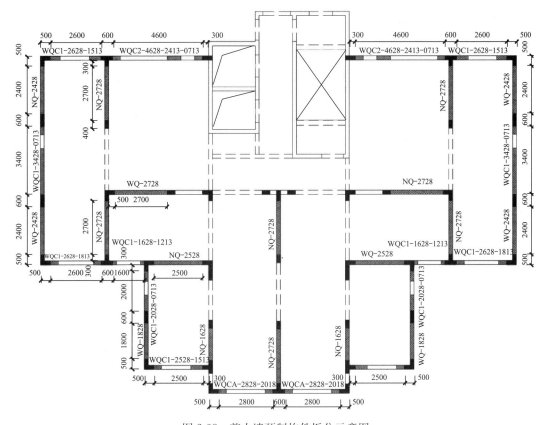

图 2-38 剪力墙预制构件拆分示意图

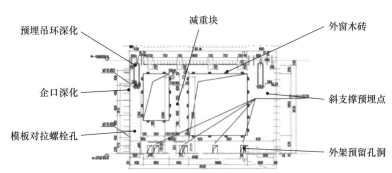

图 2-39 模板信息示意图

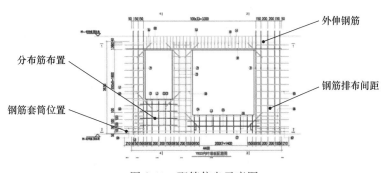

图 2-40 配筋信息示意图

钢筋加强节点、企口及吊钉位置大样图等，用以指导构件工程加工及现场构件吊装施工，如图 2-41 所示。

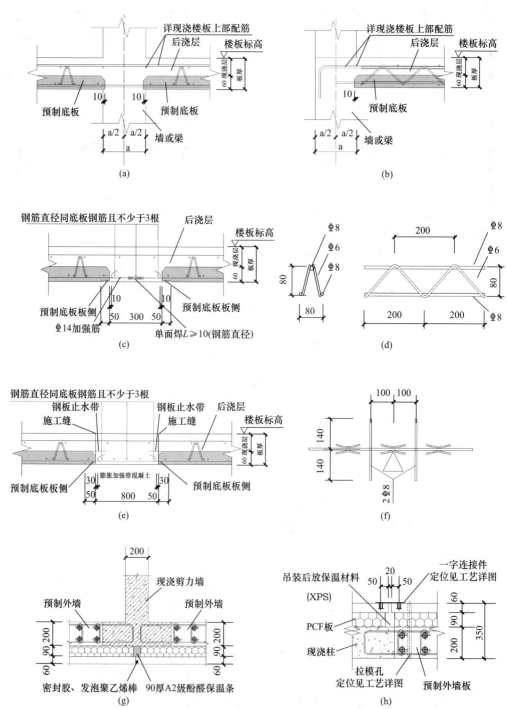

图 2-41 节点详图示意（一）

（a）预制叠合楼板之间的中间支座示意图；（b）预制叠合楼板的端支座节点示意图；（c）双向板拼缝节点示意图；

（d）桁架细部详图示意图；（e）后浇带节点示意图；（f）吊点位置大样示意图；（g）预制外墙板连接节点示意图；

（h）PCF 板与外墙板水平连接节点示意图

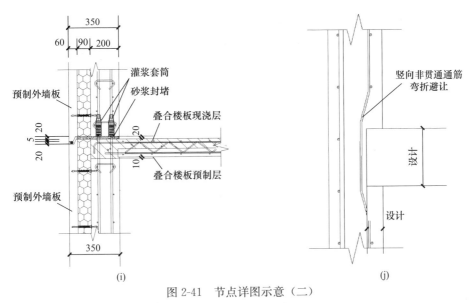

图 2-41 节点详图示意（二）

(i) 外墙板与楼板连接节点示意图；(j) 墙板缺口钢筋加强节点示意图

2.4 数字设计

数字设计以 BIM 技术在装配式建筑中应用为核心，通过三维数字信息支持项目实施的全过程，为标准化设计、经济性分析、可装配性分析、构件生产、现场安装、工业化内装以及能耗分析等环节提供信息数据支撑。

2.4.1 标准化设计

（1）为了满足装配式建筑的设计要求，根据装配式建筑不同阶段，BIM 模型信息至少应包括以下内容：

1）方案设计模型。模型构件仅需表现对应建筑实体的基本形状及总体尺寸，无需表现细节特征及内部组成；构件所包含的信息应包括面积、高度、体积等基本信息，并可加入必要的语义信息。

2）初步设计模型。模型构件应表现对应的建筑实体的主要几何特征及关键尺寸，无需表现细节特征、内部构件组成等；构件所包含的信息应包括构件的主要尺寸、安装尺寸、类型、规格及其他关键参数和信息等。

3）施工图设计模型。模型构件应表现对应的建筑实体的详细几何特征及精确尺寸，应表现必要的细部特征及内部组成；构件应包含在项目后续阶段（如施工算量、材料统计、造价分析等应用）需要使用的详细信息，包括：构件的规格类型参数、主要技术指标、主要性能参数及技术要求等。

4）施工深化设计模型。模型应包含加工、安装所需要的详细信息，以满足施工现场的信息沟通和协调，为施工专业协调和技术交底，以及工程采购提供支持。

5）施工过程模型。模型应包含施工临时设施、辅助结构、施工机械、进度、造价、质量安全、绿色环保等信息,以满足施工进度、成本、质量安全、绿色环保管理需求。

(2)依据厂商提供资料或者行业规范而制作的构件,应按照厂商资料或者行业规范添加尺寸参数。

(3)构件材质参数可用于项目材料清单统计,进而用于项目工程量统计。由于具体项目工程量统计需求不同,可仅将构件的主要材质做入构件中,如板、梁构件、材质属性。

(4)对于机电专业的构件,接口、流量、防火等级等参数依据实际需要进行设置。

(5)为了保障三维设计的二维出图满足制图标准,宜在三维构件制作过程中将相应的二维图例预设在 BIM 构件模型中。

(6)通过不断增加、完善 BIM 构件模型的数量、种类和规格,逐步构建装配式建筑标准化预制构件库(图 2-42)。

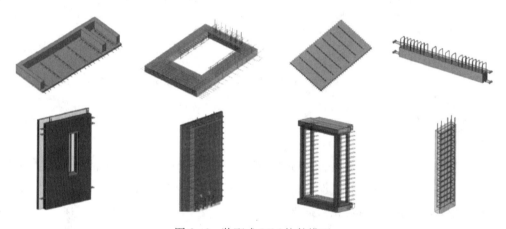

图 2-42　装配式 BIM 构件模型

(7)在方案设计阶段,应根据前期技术策划成果进行方案创作,避免不合理的设计导致后期技术冲突和成本增加,减少由于设计、生产、施工和装修环节相脱节造成的设计失误。以 BIM 模型为基础建立上述工作机制,分析预制构件的几何属性,对预制构件的类型和数量进行优化,实现"少规格、多组合"的设计原则(图 2-43)。

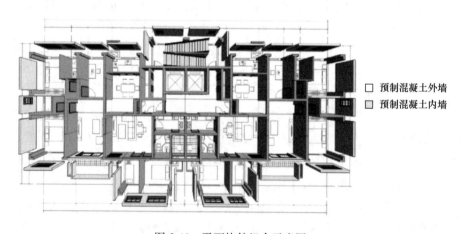

□ 预制混凝土外墙
■ 预制混凝土内墙

图 2-43　平面构件组合示意图

（8）通过基于 BIM 技术的协同设计平台，进行预制构件与现浇构件的钢筋及预埋件的碰撞检查，对各专业进行管网综合检查，针对冲突点修改设计，并通过材料用量的统计，提出优化设计，实现 BIM 技术在装配式建筑设计中的专业协同。

（9）通过 BIM 模型检验构配件之间的装配情况及判断装配过程中各构配件的吊装工序，对装配工艺的合理性、安装顺序的科学性等进行评价和优化。

（10）将创建的 BIM 模型（包含了装配过程的所有要素）通过三维软件生成构配件组合图，按装配顺序进行模拟，录制装配动画，完成装配过程可视化校验（图 2-44）。

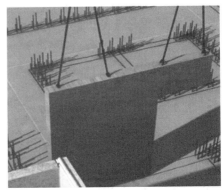

图 2-44　预制构件吊装模拟

2.4.2　工厂化生产

在 BIM 模型上直接完成和生成构件加工图，不仅能全面地描述构件的几何尺寸信息，而且能作为各种项目信息的载体，实现信息在生产、施工过程中的充分共享和无损传递，使 BIM 模型能够更加紧密地实现与预制构件工厂的协同和对接（图 2-45）。

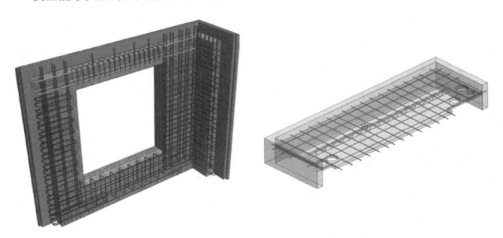

图 2-45　预制构件三维加工图

在生产加工过程中，BIM 能自动生成构件下料单、派工单、模具规格参数等生产表单。通过 BIM 可视化的直观表达，帮助工人更好地理解构件生产要求，形成 BIM 生产模拟动画、流程图、说明图等辅助培训的材料，以提高工人生产的准确性。

BIM数据能与生产设备进行智能化对接，实现预制构件的数字化、自动化生产，以提升预制构件生产的工作效率和产品质量。

2.4.3 装配式施工

基于BIM模型，进行施工组织预演和模拟，满足装配式建筑施工阶段的技术要求，并提取相关信息完成施工过程中的工程量统计、施工进度管理、4D施工模拟、施工安全管理、质量管理等工作内容。

通过BIM技术对施工场地的分析，能够为施工组织提供决策依据，进一步完善施工场地的布置，有序组织预制构件的现场堆放、运输及吊装。

利用BIM技术对施工材料进行管理，利用数据库和三维显示技术，把施工进度与建筑工程量信息结合起来，用时间表示施工材料的需求情况，模拟施工过程中材料的使用，合理布置场地及控制材料用量，从而节约成本，提高信息化施工管理水平。

结合计算机虚拟技术，使用BIM模型及场地模型实现施工工序模拟（图2-46），确定合理的施工方案指导施工，使施工管理更为精确便捷、科学合理。

1.安装外墙板(预制保温墙体)

2.墙板连接件安装、板缝处理

3.叠合梁安装

4.内墙板安装

5.柱、剪力墙钢筋绑扎

6.电梯井道内模板安装

7.剪力墙、柱模板安装

8.墙、柱浇筑混凝土

9.墙柱模板拆除、楼板支撑搭设、安装叠合式楼板

图2-46 BIM施工工序模拟（一）

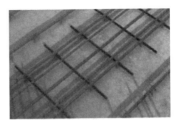

| 10.吊装楼梯梯段 | 11.工作面安装安全防护措施 | 12.楼板拼缝处抗裂钢筋安装 |

13.楼板内预埋管线安装、面层钢筋绑扎　　　14.楼板混凝土浇筑　　　15.进入上一层结构施工，拆除栏杆，吊装外墙板

图 2-46　BIM 施工工序模拟（二）

在施工深化设计中，使用 BIM 软件分别对专业内部和专业之间的空间碰撞进行了分析检查，排除无关碰撞点并对碰撞点进行归类标注，生成碰撞报告。根据施工中碰撞的检测结果对模型进行修改，优化模型后进行施工模拟，为实际施工中的空间碰撞提供了预警。

在装配式建筑施工中，针对预制构件间的现浇部分、装配层与底部现浇加强部分的连接、节点处复杂钢筋排布等施工难点，利用 BIM 技术可以进行模拟、分析以及可视化交底。

通过 BIM 虚拟建造，安装和施工管理人员可以非常清晰地获知装配式建筑的安装程序及施工要点，避免二维图纸造成的理解偏差，保证项目施工工期目标的实现。

2.4.4　一体化装修

装修设计工作应在建筑设计时同期开展，由装修方在 BIM 模型中实现菜单式方案比较（图 2-47），最终形成模块化的工业化内装方案。

图 2-47　菜单式工业化内装方案比较

在装修设计时，优先采用 BIM 装修部品产品库的部品进行组合（图 2-48）。

通过可视化的便利进行室内渲染，可以保证室内的空间品质，帮助设计师进行精细化和优化设计。整体卫浴等统一部品的 BIM 设计、模拟安装，可以实现设计优化、成本统计、安装指导。

通过 BIM 模型综合协调建筑构件与装修部品的尺寸关系，以利于部品的工厂化生产。

及时配合建筑、结构及机电专业的主体设计，提供安装参数，确定预制构件内的预留预埋，并通过 BIM 模型进行校核。

装修方在装配方案设计时，按照 BIM 模型的精度标准进行生产，避免现场加工的尺寸误差，提高现场装配效率及部品的精确度。

将生产厂商的商品信息集成到 BIM 模型中，为内装部品的算量统计提供数据支持。对装修需要定制的部品和家具，可以在方案阶段就与生产厂家对接，实现家具的工厂批量化生产。

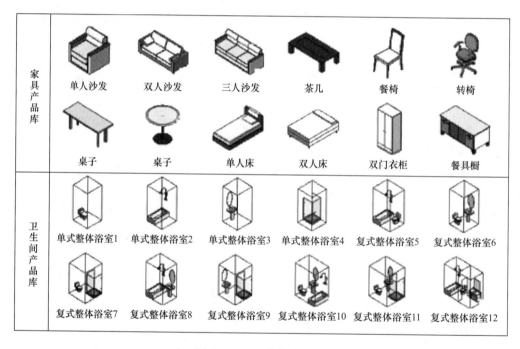

图 2-48　BIM 装修产品库

2.4.5　信息化管理

利用 BIM 模型可以将预制构件与现浇构件进行分类统计，通过分类统计可以快速地进行工程量分析与经济性对比，结合地区的定额计算出项目的工程量清单，实现在设计阶段对成本的有效控制。

BIM 模型中包含构件、隐蔽工程、机电管线、阀组等的定位、尺寸、安装时间以及厂商等基础数据和信息，在工程交付使用过程中，便于对工程进行运维管理，出现故障或情况时，提高工作效率和准确性，减少时间和材料浪费以及故障带来的损失。

BIM 数据结合 RFID 等数字化读写设备，可以形成过程管理的可追溯记录。

以 BIM 模型和 3D 施工图代替传统二维图纸指导现场施工，避免现场人员由于图纸误读引起施工误差。

BIM 支持智能手机和平板电脑移动终端随时随地管理项目。管理人员可以实时获取从项目现场即时提交的报告，对工地现场进行针对性的分析并及时反馈。所有项目参与方都能实时获取所有最新项目信息，让决策变得更及时、有据、有效。

第3章 工厂化生产技术

3.1 构件生产方式

根据构件制作过程中工艺设备、模具、构件、人员在时间、空间组织形式上的不同，混凝土预制构件的主要生产作业方式可分为模台循环生产方式、固定台座生产方式、长线台座生产方式、独立模具生产方式。

3.1.1 模台循环生产方式

模台循环生产方式是按工艺要求依次设置人工操作工位、设备作业工位；应配置定型尺寸的模台作为构件加工制作的载体，模台依靠安装在地面的驱动轮和支撑轮按顺序移动，如图 3-1 所示。

模台循环式生产时，模台经过相应的工位和设备，依次完成模具钢筋组装、埋件组装、混凝土浇筑成型直至构件养护脱模等工序作业，进入下一个循环。模台循环式生产整个工艺流程应封闭，应具有很好的连续性。

模台循环生产方式可生产实心楼板、外挂墙板、阳台板、空调板等板式构件。

3.1.2 固定台座生产方式

固定台座生产方式模台应固定不动，作业人员应在单一固定模台上完成构件制造所需要的所有工序的作业，如图 3-2 所示。

固定台座生产方式宜使用在几何形状复杂、人工作业繁琐且批量小、构件结构形式转换频繁、不易实现连续作业的混凝土预制构件生产。

图 3-1 模台循环生产方式

图 3-2 固定台座生产方式

3.1.3 长线台座生产方式

预应力工艺是预制混凝土构件（PC 构件）固定生产方式的一种，可分为先张法预应力工艺和后张法预应力工艺两种。预应力 PC 构件大多用先张法工艺。

1. 先张法预应力工艺

先张法预应力混凝土构件生产时，首先将预应力钢筋按规定在钢筋张拉台上铺设张拉，然后浇筑混凝土成型或者挤压混凝土成型，当混凝土经过养护达到一定强度后拆卸边模和肋模，放张并切断预应力钢筋，切割预应力楼板。先张法预应力工艺具有生产工艺简单、生产效率高、质量易控制、成本低等特点，生产过程示意如图 3-3 所示。除钢筋张拉和楼板切割外，其他工艺环节与固定台座生产方式接近。

图 3-3　先张法预应力工艺

先张法预应力工艺适合生产叠合楼板、预应力空心楼板、预应力双 T 板以及预应力梁等。

2. 后张法预应力工艺

后张法预应力混凝土构件生产是在构件浇筑成型时按规定预留预应力钢筋孔道，当混凝土经过养护达到一定强度后，将预应力钢筋穿入孔道内，再对预应力钢筋张拉，依靠锚具锚固预应力钢筋，建立预应力，然后对孔道灌浆。后张法预应力工艺生产灵活，适宜于结构复杂、数量少、重量大的构件，特别适合于现场制作的混凝土构件，生产过程示意如图 3-4 所示。

图 3-4　后张法预应力工艺

3.1.4　独立模具生产方式

独立模具生产方式不借用任何通用的载体，一个构件必须使用一套完整的模具完成制造。如卫生间、楼梯、带反沿阳台板等。其中，阳台板独立模具及卧式和立式的楼梯独立模具分别如图3-5～图3-7所示。

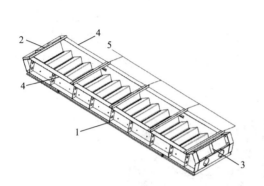

图3-5　预制混凝土楼梯卧式钢模具示意

1—模具底座；2—下部端模；3—顶部端模；

4—边模；5—工装

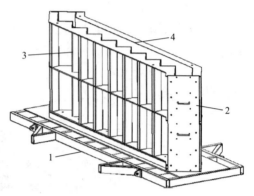

图3-6　预制混凝土楼梯立式钢模具示意

1—模具底座；2—端模；3—带面板侧模；

4—带背板侧模

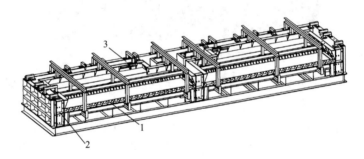

图3-7　预制混凝土阳台钢模具示意

1—模具底座；2—梁侧模；3—反沿侧模

3.2　生产工艺流程

3.2.1　预制梁柱生产

预制梁柱主要以固定台座生产方式为主，工艺流程如图3-8所示。

1. 模台清扫

对模台表面进行清扫，用钢丝球、刮板或角磨机等工具将模台表面残留混凝土及其他杂物清理干净，确保模台表面平整光洁、无杂物；检查模台的平整度，确保模台水平。

2. 模具清理

模具组装前须清洗，去除模具表面铁锈、水泥残渣、污渍等，确保表面光滑干爽。

3. 模具初次拼装

模具拼装前，应根据模具图纸对进厂的模具进行编号核对、数量清点；模具初次拼装宜拼装两个侧模和一个端模。

4. 涂刷脱模剂、缓凝剂

（1）模具内表面应均匀涂刷适量的脱模剂，夹角处不得漏涂。

（2）涂刷所用的脱模剂与水的兑制比例需根据制作构件时的温度进行调整。

（3）预制构件顶面以及两端部需要制作粗糙面和键槽，应在对应位置的钢模具内表面均匀涂刷适量缓凝剂。

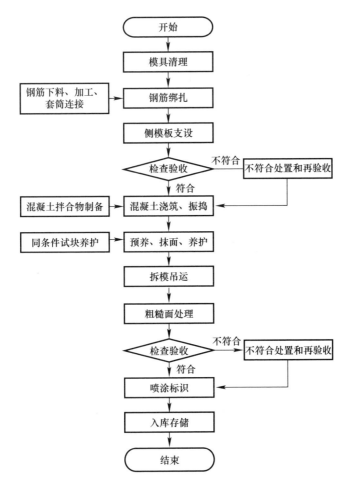

图 3-8　预制梁柱生产工艺流程图

5. 钢筋笼安装

（1）根据预制构件生产图纸确定钢筋的牌号、规格、长度和数量，并备料加工。

（2）钢筋笼的绑扎宜选用镀锌钢丝，钢筋笼规格应根据构件生产图纸确定。

（3）钢筋笼的箍筋可采用封闭箍或者开口箍，使用开口箍时，应配备相应数量、相应规格的箍筋帽。箍筋做法应符合现行行业标准《装配式混凝土结构技术规程》JGJ 1 的规定。

（4）钢筋笼入模之前应提前布置水泥类垫块，垫块按梅花状布置，间距满足钢筋限位及控制变形要求。钢筋笼入模过程中应避免破坏模具内表面涂刷好的脱模剂和缓凝剂，同时钢筋笼不得沾染脱模剂和缓凝剂。

（5）钢筋布置完成后，应根据构件加工图纸，对钢筋的牌号、规格、长度、数量、保护层等进行自校。

6. 预埋件安装

（1）固定预埋件前，应检查预埋件型号、材料数量、级别、规格尺寸、预埋件平整度、锚筋长度、预埋件焊接质量。

（2）预埋件的固定应利用工装、磁性底座等辅助工具保证安装位置及精度。

7. 模具组装完成

（1）完成剩余端模及工装的拼装，并使用螺栓等工具将整套模具紧固在模台上。

（2）模具拼装完成后，应满足连接牢固、缝隙严密的要求。对容易漏浆的地方使用双面胶带或其他材料密封。

（3）根据预制构件核对模具上预留孔、工装的位置和尺寸等。

8. 混凝土浇筑前检查验收

（1）检查脱模剂、缓凝剂刮蹭程度，刮蹭严重的部位应补刷脱模剂、缓凝剂，补刷过程中不得污染钢筋和预埋件。

（2）检验钢筋布置的牌号、规格、长度、数量、间距、保护层等，及时纠正错误。

（3）检查预埋件位置。

9. 混凝土浇筑、振捣

（1）混凝土浇筑宜分层浇筑、振捣。

（2）混凝土振捣宜采用振动棒振捣。振捣混凝土时限应以混凝土内无气泡冒出、开始泛浆时确定，不应漏振、欠振、过振，应避免钢筋、模具等被振松。

10. 养护

（1）叠合梁的养护可采用自然养护或蒸汽养护，根据季节、环境温度、工期等因素合理选取养护方式和养护制度。

（2）当采用自然养护时，静停期间，混凝土经过成型抹面后应及时用塑料薄膜等洁净物覆盖；养护期间应洒水保湿，相关操作应符合现行国家标准《混凝土结构工程施工规范》GB 50666 的要求。

（3）当采用蒸汽养护时，预养护时间宜大于 2h，升温速度不宜超过 15℃/h，降温速度不宜超过 10℃/h，恒温阶段温度不宜超过 60℃。

11. 构件拆模

（1）预制构件拆模起吊时，混凝土强度等级不宜小于混凝土设计强度等级的 75%，且不应小于 15MPa。当设计对拆模强度有更高要求时，以设计要求为准。

（2）模具应该按顺序拆除，并及时清理模具表面，修复模具变形位置。拆模过程中应保证预制构件表面及棱角处不受损伤，严禁用重物锤击模具。

（3）拆模时构件表面温度与环境温度相差不宜超过 20℃。

（4）预制构件起吊时，吊索与构件水平夹角不宜小于 60°，不应小于 45°；吊运过程应平稳，不应有偏斜和大幅度摆动。

12. 粗糙面冲洗

冲洗时应用高压水枪冲洗预制构件的粗糙面部位，除掉表面的浮浆，露出骨料。骨料外露不足的地方，应进行人工凿毛，所形成的粗糙面凹凸深度不应小于 6mm。键槽尺寸、深度应符合现行行业标准《装配式混凝土结构技术规程》JGJ 1 的相关规定。

13. 生产完成后的检查验收

（1）外观验收应符合下列规定，当设计对外观质量有更高要求时，应以设计要求为准：

1）破损长度不大于 20mm 的部位使用混凝土设计强度同等级的砂浆修补，破损长度大于 20mm 的部位使用不低于混凝土设计强度的专用修补浆料修补。

2）裂缝宽度大于 0.2mm 的部位使用环氧树脂浆料修补，裂缝宽度小于 0.2mm 的部位使用水泥基渗透结晶材料修补。

3）裂缝宽度大于 0.3mm 且长度超过 300mm 构件，应作废弃处理。

4）构件出现影响钢筋、连接件、预埋件锚固的破损和裂缝时，应作废弃处理。

5）粗糙面不合格的位置应进行人工凿毛处理，应符合现行行业标准《装配式混凝土结构技术规程》JGJ 1 的相关规定。

（2）成品尺寸的允许偏差及检验方法应符合现行国家标准《混凝土结构工程施工质量验收规范》GB 50204 和《装配式混凝土结构技术规程》JGJ 1 的相关规定。

（3）成品入库前，应测试混凝土强度。若测试结果不符合设计强度要求，则对该构件进行周期为 7d 的跟踪测试，混凝土强度达不到设计强度时不得入库。

14. 喷涂标识

叠合梁构件通过成品检验后，应及时喷涂产品标识，标识内容宜包括预制混凝土叠合梁的编号、制作日期、合格状态、生产单位等信息。

3.2.2 预制墙板生产

预制墙板生产主要以固定台座生产方式为主，墙板类型分为夹心保温外墙板、内墙板、飘窗等，根据生产需求，生产工艺分为反打工艺及正打工艺，以反打工艺较为常用，夹心保温外墙板反打工艺及普通内墙板具体工艺流程如图 3-9、图 3-10 所示。

1. 模台清扫

具体要求参见第 3.2.1 节相应内容。

2. 模具清理

具体要求参见第 3.2.1 节相应内容。

3. 模具组装

模具组装前，应根据模具图纸对进厂的模具进行编号核对、数量清点，按照模具图纸及构件图纸，进行模具组装及校核。

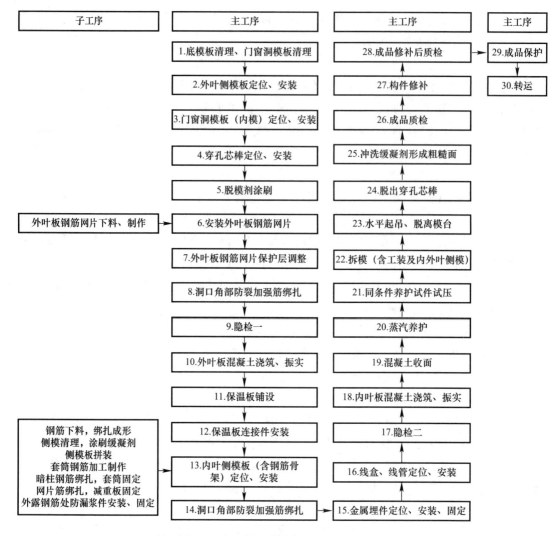

子工序	主工序	主工序	主工序
	1.底模板清理、门窗洞模板清理	28.成品修补后质检	29.成品保护
	2.外叶侧模板定位、安装	27.构件修补	30.转运
	3.门窗洞模板（内模）定位、安装	26.成品质检	
	4.穿孔芯棒定位、安装	25.冲洗缓凝剂形成粗糙面	
	5.脱模剂涂刷	24.脱出穿孔芯棒	
外叶板钢筋网片下料、制作	6.安装外叶板钢筋网片	23.水平起吊、脱离模台	
	7.外叶板钢筋网片保护层调整	22.拆模（含工装及内外叶侧模）	
	8.洞口角部防裂加强筋绑扎	21.同条件养护试件试压	
	9.隐检一	20.蒸汽养护	
	10.外叶板混凝土浇筑、振实	19.混凝土收面	
	11.保温板铺设	18.内叶板混凝土浇筑、振实	
钢筋下料，绑扎成形 侧模清理，涂刷缓凝剂 侧模板拼装 套筒钢筋加工制作 暗柱钢筋绑扎，套筒固定 网片筋绑扎，减重板固定 外露钢筋处防漏浆件安装、固定	12.保温板连接件安装	17.隐检二	
	13.内叶侧模板（含钢筋骨架）定位、安装	16.线盒、线管定位、安装	
	14.洞口角部防裂加强筋绑扎	15.金属埋件定位、安装、固定	

图 3-9　夹心保温外墙板生产工艺流程图

4. 涂刷脱模剂、缓凝剂

（1）需要设置粗糙面的出筋面，对应位置模具内表面应均匀涂刷适量的缓凝剂，夹角处不得漏涂。

（2）模台面应涂刷均匀适量的脱模剂，脱模剂与水的兑制比例需根据制作构件时的温度进行调整。

（3）部分墙板构件梁端部需要制作键槽，应在对应位置的钢模具内表面均匀涂刷适量缓凝剂。

5. 钢筋笼安装

墙板窗洞及门洞口等位置加强筋应按图纸要求进行设置，并与受力钢筋绑扎到位。墙板钢筋笼外伸的箍筋做法应符合现行行业标准《装配式混凝土结构技术规程》JGJ 1 的规定。

其他要求参见第 3.2.1 节相应内容。

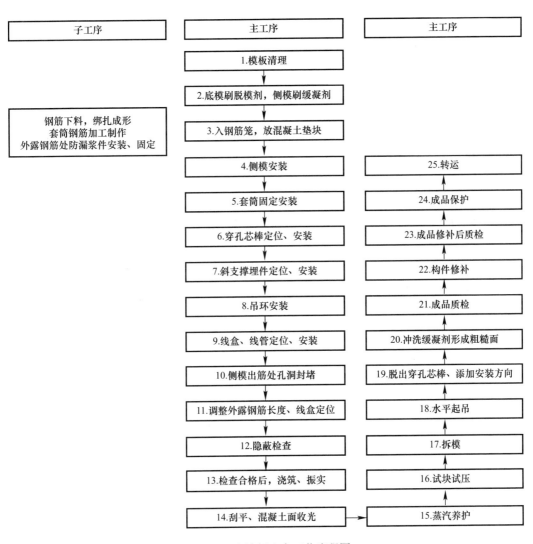

子工序	主工序	主工序
	1.模板清理	
	2.底模刷脱模剂,侧模刷缓凝剂	
钢筋下料,绑扎成形 套筒钢筋加工制作 外露钢筋处防漏浆件安装、固定	3.入钢筋笼,放混凝土垫块	
	4.侧模安装	25.转运
	5.套筒固定安装	24.成品保护
	6.穿孔芯棒定位、安装	23.成品修补后质检
	7.斜支撑埋件定位、安装	22.构件修补
	8.吊环安装	21.成品质检
	9.线盒、线管定位、安装	20.冲洗缓凝剂形成粗糙面
	10.侧模出筋处孔洞封堵	19.脱出穿孔芯棒、添加安装方向
	11.调整外露钢筋长度、线盒定位	18.水平起吊
	12.隐蔽检查	17.拆模
	13.检查合格后,浇筑、振实	16.试块试压
	14.刮平、混凝土面收光	15.蒸汽养护

图 3-10 内墙板生产工艺流程图

6. 预埋件安装

具体要求参见第 3.2.1 节相应内容。

7. 模具组装完成

(1) 根据预制构件图纸核对模具上预留孔、工装的位置和尺寸等,对存在偏差部位进行校核处理后进行工装安装。

(2) 模具组装校核完成后,应满足连接牢固、缝隙严密的要求。对钢筋槽等容易漏浆的地方使用双面胶带、PE 棒或其他材料密封。

(3) 完成剩余工装的组装,并使用压盒、螺栓等工具将整套模具紧固在模台上。

8. 混凝土浇筑前检查验收

具体要求参见第 3.2.1 节相应内容。

9. 混凝土浇筑、振捣

具体要求参见第 3.2.1 节相应内容。

10. 收面、养护

（1）墙板混凝土浇筑完成后，应进行压光面的收面工作，收面应根据混凝土初凝时间、外部气温等条件来综合确定，保证构件表面平整度符合标准及规范要求。

（2）墙板可采用自然养护或蒸汽养护，根据季节、环境温度、工期等因素合理选取养护方式和养护制度。

（3）当采用自然养护时，静停期间，混凝土经过成型抹面后应及时用塑料薄膜等洁净物覆盖；养护期间应洒水保湿，相关操作应符合现行国家标准《混凝土结构工程施工规范》GB 50666 的要求。

（4）当采用蒸汽养护时，预养护时间宜大于 2h，一般可取 2～6h，升温速度不宜超过 15℃/h，降温速度不宜超过 10℃/h，恒温阶段温度不宜超过 60℃。

11. 构件拆模

预制构件起吊时，吊索与构件水平夹角不宜小于 60°，不应小于 45°；吊运过程应平稳，不应有偏斜和大幅度摆动；对于跨度大于 4m 墙板构件，宜采用专用吊梁进行脱模及吊装。

其他要求参见第 3.2.1 节相应内容。

12. 粗糙面冲洗

冲洗时应用高压水枪冲洗预制构件的粗糙面部位，除掉表面的浮浆，露出骨料。骨料外露不足的地方，应进行人工凿毛，所形成的粗糙面凹凸深度不应小于 6mm。键槽尺寸、深度应符合现行行业标准《装配式混凝土结构技术规程》JGJ 1 的相关规定。

13. 生产完成后的检查验收

具体要求参见第 3.2.1 节相应内容。

14. 喷涂标识

墙板构件通过成品检验后，应及时喷涂产品标识并粘贴二维码或其他材质信息标签，标识内容宜包括预制混凝土墙板的编号、混凝土强度、制作日期、项目名称、楼栋楼层等信息。

3.2.3　叠合楼板生产

叠合楼板等水平规则构件选择模台循环生产方式。模台循环生产方式选择自动化程度较高的生产设备，实现从图样输入、模具清扫、喷涂脱模剂、划线、组装模具、钢筋加工、钢筋网片入模、预埋件定位入模、桁架筋入模、浇筑混凝土、养护到脱模过程机械化生产，实现自动化智能生产，生产工艺流程如图 3-11 所示。

1. 模台清扫

模台通过生产线驱动单元运行至 PC 生产线清扫机，对模台表面清理后，采用手动磨光机打磨，确保无任何锈迹和杂物；打磨时必须确保打磨部位有水充分湿润，最大化降低车间扬尘；检查模台的平整度，确保模台水平。

2. 模台喷涂

模台通过生产线驱动单元向前运行至脱模剂喷涂机，对模台表面进行喷涂脱模剂作业，最终使模台表面均匀地涂上一层脱模剂。

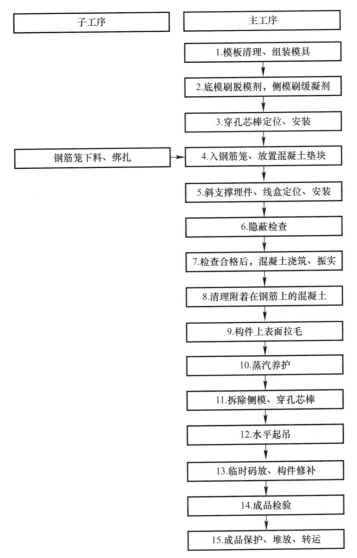

图 3-11　叠合楼板生产工艺流程图

3. 模台画线

模台通过生产线驱动单元向前运行至全自动画线机，画线机械手根据预编好的程序，在模台表面画出模板装配及预埋件安装的位置线。整个画线过程全部由机器自动完成，减少人为画线错误而出现不合格产品。

4. 模具清理

模具组装前须清洗，去除模具表面铁锈、水泥残渣、污渍等，确保表面光滑干爽；在模具表面涂刷缓凝剂，涂刷应均匀、无漏刷、无堆积，多余的隔离剂必须用抹布或海绵吸附清理干净。

5. 模具组装

模具清理干净后，对模具进行组装，一般采用螺栓固定或磁吸固定等方式将模具固定在底模上，模具相互接触连接的地方粘贴发泡密封条，应顺模具内腔轮廓粘贴，粘贴位置宜靠近模具内腔边缘 2～3mm 为宜。

6. 钢筋安装

将验收合格后的钢筋网骨架放入模具，为控制钢筋保护层厚度，用垫块将网片支起，并调整好钢筋位置。

7. 预埋件安装

根据构件加工图，依次确定各类预埋件、线盒、预留孔洞配件位置，用石笔划线定位，并安装、固定牢固，严禁漏放和错放。

8. 隐蔽工程检验

模具组装完毕，钢筋与预埋件安装到位后，进行隐蔽工程验收。对模具的外形和几何尺寸、钢筋的规格、型号、数量、绑扎质量以及预埋件、预留孔的位置及数量等在混凝土浇筑前进行全面的检查，并填写检查记录表，纠正出现的偏差，全部符合要求后才能进行混凝土浇筑。

9. 混凝土浇筑、振捣

（1）浇筑前应有专职人员对混凝土质量检查，包括混凝土强度、坍落度、温度等，均应符合规范要求，对于不合格的混凝土禁止使用；

（2）将模台移至振动台，采用布料机浇筑混凝土，浇筑完毕后开启振动台，振捣至混凝土表面不再下沉，无明显气泡溢出为止，切不可长时间振动以避免混凝土离析；

（3）混凝土在浇筑振捣时观察线盒、预埋件、孔洞位置有无位移，及时校正预埋件位置，保证其不产生过大位移；

（4）混凝土浇筑振捣后刮去多余的混凝土，进行粗抹，严格控制厚度，不得有过厚或者过薄的问题，并将料斗、模具、外露钢筋、模台及地面清理干净。

10. 构件静停

在混凝土浇筑、振捣完成后，模台行进到静停工位，停放 0.5～1h，确保混凝土达到初始强度。

11. 构件表面拉毛

构件完成静停，达到初始强度后，由拉毛机完成构件表面粗糙化处理，对于拉毛机无法操作的部位，应使用钢制耙子等工具进行人工拉毛，拉毛深度应符合规范要求，并且不小于 4mm。

12. 混凝土养护

将浇筑完成的叠合板构件送至养护窑，采用蒸汽养护方式养护，温度及湿度变化全自动控制，蒸养温度最高不超过 60℃，升温速度不大于 15℃/h，降温速度不大于 20℃/h。

13. 脱模

通过堆码机从立体养护窑中取出已养护完毕的叠合板构件，脱模前应做混凝土试块同条件抗压强度试验，试块抗压强度应满足设计要求且不宜小于 15MPa，方可脱模；预制构件脱模时的表面温度与环境温度的差值不宜超过 25℃；脱模前要将固定模板和线盒、预埋件的全部螺栓拆除，再打开侧模，用水平吊装架将构件按照图纸设计的吊点水平吊出。

14. 粗糙面冲洗

构件吊出后，应放置在专用的冲洗区，对构件进行高压水冲洗，按图纸要求做成露骨料面。冲洗过程应保持高压水适当的压力，压力过大造成石子被冲洗掉，压力过小造成冲洗不干净，起不到毛糙的效果。还应注意要保持冲洗的均匀性，不得有漏冲和过冲。

冲洗完成后，将构件二维码标签粘贴在叠合板外伸钢筋上，二维码信息标签宜包含构件编号、项目名称、混凝土强度、使用部位等构件信息。

3.2.4 预制楼梯生产

预制楼梯生产采用立模模具，可选用单个构件立模生产，也可以采用成组立模，其生产流程如图 3-12 所示。

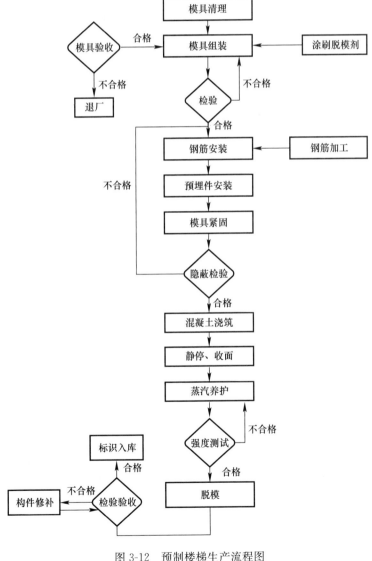

图 3-12 预制楼梯生产流程图

1. 模具清理

对模具表面进行清理后，应使用抛光机进行打磨抛光处理，将模具内腔表面、模具拼缝处等的杂物、浮锈等清理干净，打磨抛光时，保证打磨均匀全面，不得跳跃打磨和漏打磨，确保打磨部位有水充分湿润，最大化降低车间扬尘。

2. 模具组装

（1）据预制构件加工图，正确选择模具进行组装。

（2）模具内表面涂刷脱模剂，涂刷应均匀、无漏刷、无堆积，多余的脱模剂必须用抹布或海绵吸附清理干净。

（3）模具相互接触连接位置粘贴 5mm×20mm 的发泡密封条，密封条应沿模具内腔边缘 2～3mm 处粘贴，保证密封条粘贴无间断、无褶皱。

3. 钢筋安装

（1）将验收合格后的钢筋骨架吊装到楼梯模具内，吊装过程中应保证钢筋骨架的水平平行，并采用有效措施防止钢筋笼变形。

（2）为控制钢筋保护层厚度，用吊杆将骨架吊起，或用塑料垫块将骨架支起，禁止出现漏筋现象。

4. 预埋件安装

按照预制构件加工图要求，根据模具加工时提供的定位固定配件，按照对应位置安装预埋件，预埋件应使用螺栓牢固固定于模板和压杠上。

5. 模具紧固

模具各部位螺丝校紧，拼接部位不得有间隙，确保模具所有尺寸偏差控制在误差范围以内。

6. 隐蔽检验

检查钢筋骨架、保护层安装后的模板外形和几何尺寸。检查钢筋、钢筋骨架、吊环的级别、规格、型号、数量及其位置；检查预埋件、连接件、外露筋、螺栓预留孔的规格、数量及固定情况；检查主筋保护层厚度。隐检准备好后，填写隐蔽记录，报驻厂监理进行验收，驻厂监理同意验收后方可进行浇筑。

7. 混凝土浇筑

（1）混凝土浇筑前，应有专职检验人员检查混凝土质量，包括混凝土强度、坍落度、温度等，不合格的混凝土禁止使用。

（2）混凝土布料均匀，振捣时应避免过振、漏振，防止钢筋密集区振捣不实等问题发生，振捣时需采取措施防止埋件移位。

（3）混凝土浇筑成型后，将其操作面抹平压光。混凝土收面过程要求用杠尺刮平，手压面应从严控制（平整度 3mm 内），特别是带窗口构件的窗口周边。混凝土抹面应满足如下要求：

粗抹平：刮去多余的混凝土（或填补凹陷），进行粗抹。

中抹平：待混凝土收水并开始初凝用铁抹子抹光面，达到表面平整、光滑。

精抹平（1～3 遍）：在初凝后，使用铁抹子精工抹平，力求表面无抹子痕迹，满足平整度要求。

（4）浇筑完成后，浇筑班组应认真做好浇筑记录。

（5）同种配合比的混凝土每工作班取样一次，做抗压强度试块不少于3组，分别为标准养护试块、蒸汽同条件养护试块、蒸汽转同条件养护试块。

8. 预制构件养护

构件浇筑成型后覆盖移动蒸养罩进行蒸汽养护，蒸养制度如下：

（1）静停1~2h（根据实际天气温度及坍落度可适当调整）；

（2）升温速度控制在15℃/h；

（3）恒温最高温度控制在60℃；

（4）降温速度15℃/h，当构件的温度与大气温度相差不大于20℃时，撤除覆盖。测温人员填写测温记录，并认真做好交接记录。

9. 脱模

（1）预制构件脱模前应对蒸汽养护试块进行试压，其强度不小于混凝土设计强度的75%，方可脱模。

（2）预制构件脱模时的表面温度与环境温度的差值不宜超过25℃，脱模前要将固定模具和埋件的全部螺栓拆除，再打开侧模，用水平吊环或吊母吊出构件。

10. 构件修补

构件脱模后，若存在质量缺陷，经技术人员判定，不影响结构受力的缺陷可以修补，构件修补采用混凝土修补砂浆。

3.3 生产质量控制要点

预制混凝土构件工厂生产环节，根据生产工艺环节要求，需从模具组装、钢筋骨架、预埋件安装、混凝土浇筑、养护、脱模及表面处理、构件存储、成品保护及运输等各个环节进行质量控制，结合质量控制要点进行针对性验收，保证构件生产过程可控，生产质量合格。

3.3.1 模具组装质量控制要点

（1）模具应具有足够的承载力、刚度和稳定性，保证在构件生产时能可靠承受浇筑混凝土的重量、侧压力及工作荷载。

（2）模具应组装、拆卸方便，应便于钢筋安装和混凝土浇筑、养护。

（3）在使用前，应确保模台表面的清洁质量符合要求，没有混凝土沉积物及其他污渍等，脱模剂喷涂均匀无遗漏，粗糙面应均匀涂刷缓凝剂。

（4）待组装的模具已清理完毕，内表面干净光滑，无混凝土残渣；无任何影响模具组装质量的变形、损伤；如有变形、损伤严重影响构件的质量，就需对模具进行维修或报废处理。

（5）模具拼装连接、固定或临时支撑牢固、缝隙严密，不得漏浆，拼装时不应损伤接触面，接触面处不应有严重划痕、锈渍和氧化层脱落等现象，确保组装满足规范规定的精度要求。

（6）模具与模台固定可采用螺栓连接固定、磁盒及附件固定等方式，各种固定方式均需确保连接紧固，在混凝土成形振捣时不会造成模具偏移、漏浆现象。预制柱和预制墙板的模具组装固定如图 3-13、图 3-14 所示。

图 3-13　预制柱模具组装、工装连接固定效果图　　图 3-14　预制墙板模具组装、工装连接固定效果图

（7）模具外观质量要求如表 3-1 所示。除设计有特殊要求外，预制构件模具尺寸偏差和检验方法应符合现行行业标准《装配式混凝土结构技术规程》JGJ 1 和现行国家标准《装配式混凝土建筑技术标准》GB/T 51231 等的要求。

预制构件模具外观质量要求　　表 3-1

项次	项目	质量要求
1	与混凝土接触的清水面拼接焊缝不严密	不允许
2	与混凝土接触的清水面拼接焊缝打磨粗糙	不允许
3	棱角线条不直	≤2mm
4	与混凝土接触的清水面局部凸凹不平	≤0.5mm
5	与混凝土接触的清水面麻面	不允许
6	与混凝土接触的清水面有锈迹	不允许
7	与混凝土接触的部件拼装缝不严密	缝隙≤1mm
8	焊缝长度及高度不足，焊缝开裂	不允许

3.3.2　钢筋骨架及预埋件安装质量控制要点

1. 钢筋加工及质量控制要点

（1）钢筋在加工前应确保表面无油渍、漆污、锈皮、鳞锈等。

（2）钢筋调直应符合现行国家标准《混凝土结构工程施工质量验收规范》GB 50204的有关规定，钢筋调直宜采用无延伸功能的机械设备，调整过程中对带肋钢筋横肋不能有损伤，调直后的钢筋应平直，不能有弯折。

（3）特殊要求钢筋如耗能钢筋削弱段的加工需用机床车削，不能使用火焰切割，加工完成后及时隔离材料包裹封闭，隔绝外部水分，防止锈蚀。

（4）构件内带直螺纹接头的预埋钢筋，应符合《钢筋机械连接技术规程》JGJ 107—2016 中Ⅰ级接头规定。应采用标准型滚轧直螺纹套筒，钢筋规格和套筒的规格必须一致，钢筋和套筒的丝扣应干净、完好无损。滚轧直螺纹接头应使用管钳和扭力扳手进行施工，单边外露丝扣长度不应超过 2P，经拧紧后的滚轧直螺纹接头应用扭力扳手校核拧紧扭矩，接头拧紧最小力矩应符合《钢筋机械连接技术规程》JGJ 107—2016 的要求，校核后应随手刷上红漆或其他特征以做标识。

（5）检查合格的丝头应加以保护，在其端头加戴保护帽或用套筒拧紧，按规格分类存放。

（6）预应力用的锚具、夹具和连接器、金属螺旋管、灌浆套筒、结构预埋件等配件的外观应无污染、锈蚀、机械损伤和裂纹，应按现行有关标准的规定进行进场检验，其性能应符合设计要求或标准规定。

（7）钢筋接头的方式、位置、同一截面受力钢筋的接头百分率、钢筋的搭接长度及锚固长度等应符合设计要求或标准规定。

（8）钢筋加工时，弯折、弯钩的角度和尺寸应符合设计及有关标准要求。

2. 钢筋笼安装及质量控制要点

（1）钢筋骨架吊装时应采用多点的专用吊架，防止骨架产生变形。

（2）钢筋骨架底部及侧边保护层垫块可采用轮式或墩式，宜按梅花状布置，间距满足钢筋限位及控制变形要求（以主筋不下垂为准），与钢筋骨架或网片绑扎牢固，保护层厚度应符合现行标准规范和设计要求。

（3）钢筋骨架入模时应平直、无损伤，表面不得有油污或者锈蚀。在随后的作业中不能脚踏钢筋笼，或在其上面行走、放置杂物。

（4）预制构件端部外露主筋、箍筋等必须采用绑扎或专用卡具固定，防止倾斜、位移。钢筋笼成品如图 3-15、图 3-16 所示。

图 3-15　预制柱钢筋笼成品图　　　　图 3-16　预制墙板钢筋笼成品图

（5）入模后的钢筋笼如果发生变形、倾斜、绑丝松动等要及时修正处理。

（6）对灌浆套筒进行定位固定，并对套筒内部进行保护，确保其内部清洁。

（7）钢筋骨架入模后，应按设计图纸要求对钢筋位置、规格间距、保护层厚度等进行检查，允许偏差应符合现行行业标准《装配式混凝土结构技术规程》JGJ 1 和现行国家标准《装配式混凝土建筑技术标准》GB/T 51231 等的要求。

（8）利用专用工装、磁性底座等辅助工具保证吊点、支撑点、模板安装支撑点、防护架安装点、电气线盒等预埋件的位置准确定位。

（9）预埋套筒、预埋线盒线管和波纹管等预埋件必须采用辅助材料或工装与模具或钢筋进行牢固定位，端头进行封闭，防止砂浆等污染物进入。

（10）安装埋件过程中，严禁私自弯曲、切断或更改已经绑扎好的钢筋笼。

（11）混凝土浇筑前，模具、垫块、钢筋等进行检查验收的过程应做好隐蔽工程验收记录。

3.3.3 混凝土浇筑、养护、脱模及表面处理质量控制要点

1. 混凝土浇筑

（1）混凝土浇筑前，应逐项对模具、垫块、钢筋、连接套筒、连接件、预埋件、吊具等进行检查验收，规格、位置和数量等必须满足设计要求，并做好隐蔽工程验收记录，钢筋连接套筒、预埋螺栓孔应采取封堵保护措施，防止浇筑混凝土时将其堵塞。

（2）混凝土浇筑时应保证模具、预埋件、连接件等不发生变形或移位，如有偏差应采取措施及时纠正。

（3）夏季天气炎热时，混凝土拌合物入模温度不应高于35℃，冬期施工时，混凝土拌合物入模温度不应低于5℃。

（4）采用布料机或料斗浇筑时，应从一端开始均匀方量，下料口投料高度不宜大于500mm，同一构件每盘浇筑时间不宜超过30min。同时，下料口不得碰撞模具、钢筋及其他预埋件等，浇筑时，人工辅助进行摊铺。

（5）混凝土拌合物在运输和浇筑成型过程中严禁加水。

2. 混凝土振捣

（1）工厂生产构件，混凝土振捣宜采用机械方式，对浇筑完成的混凝土进行振捣密实，当构件不适合机械振捣方式时，可采用振捣棒振捣。

（2）根据混凝土坍落度、构件形状特点等相关参数选择振捣设备的相关技术参数。

（3）混凝土浇筑振捣过程中，应随时检查模板有无漏浆、变形，预埋件有无移动等现象，如有偏位、变形等情况，应及时采取补救措施。

（4）振捣时间宜按拌合物稠度和振捣部位等不同情况，控制在10～30s内，当混凝土拌合物出现表面泛浆，基本无气泡溢出时，可视为振捣合格，在振捣过程中避免出现混凝土离析现象。

预制柱、预制墙板混凝土浇注、振捣如图3-17、图3-18所示。

3. 构件表面处理及养护

（1）混凝土浇筑振捣完成首先使用刮杠将混凝土表面刮平，确保混凝土厚度不超出模具上沿，再用塑料抹子进行粗抹，做到表面基本平整，无外露石子，外表面无凹凸现象，

四周侧板的上沿应清理干净，避免边沿超厚或有毛边，完成以上作业后构件静停或加热处置完成混凝土初凝。

图 3-17 预制柱混凝土浇筑、振捣

（2）使用铁抹子对混凝土上表面进行人工压光，保证表面无裂纹、无气泡、无杂质、无杂物，表面平整光洁，不允许有凹凸现象，同时要确保埋件、线盒、外露线管、灌浆管等部位的平整度，压光时应使用靠尺边测量边找平，保证上表面平整度在 3mm 以内，抹面过程中严禁加水。

（3）混凝土构件可采用加热蒸汽养护、自然养护等方式进行养护。蒸汽养护如图 3-19 所示。

图 3-18 预制墙板混凝土浇筑、振捣

图 3-19 预制构件养护

（4）构件自然养护应满足下列要求：混凝土构件在浇筑、表面抹平、压光完成后应及时覆盖进行保湿养护，一般不低于12h，浇筑次数以保持混凝土处于湿润状态为宜，不宜采用不加覆盖直接在构件表面浇水养护的方式，养护所用的水应与混凝土拌制用水相同。当气温低于5℃时，应采取保温措施，不宜浇水养护。

（5）构件采用加热养护应满足下列要求：采用加热养护方式，应严格制定养护制度，对静停、升温、恒温、降温过程中的时间进行控制，预养时间宜大于2～3h，升温速率不宜超过20℃/h；降温速率不宜大于15℃/h；预制混凝土构件养护最高温度不宜超过60℃；其中梁柱等大尺寸大截面构件的最高养护温度不宜超过45℃，构件持续养护时间不应小于6h；养护过程中应对养护窑和养护棚内的温度和湿度进行监控，湿度应控制在90%以上。

4. 构件脱模

（1）构件在从养护窑内运出或撤掉蒸养罩时，内外温差应小于25℃；应按照一定的顺序拆除模具，不得使用振动、重锤敲击等有损模具和构件的方式进行拆模。

（2）构件脱模时，应确认所有模具及其附件、连接螺栓等连接已全部拆除并已妥善收集存放。

（3）构件脱模起吊时，混凝土强度应满足设计要求，当无特殊设计要求时，按下列规定执行：预制构件脱模起吊时，混凝土强度不应小于15MPa，当构件脱模后需移动时，混凝土抗压强度应不小于设计强度的75%；墙板、叠合板等较薄构件起吊时，混凝土强度不宜小于20MPa，梁柱等较厚构件起吊时，混凝土强度不宜小于30MPa。

（4）预制构件起吊应平稳，楼板应采用专用多点吊架进行起吊，复杂预制构件应采用专门的吊架进行起吊。

（5）吊点的位置应根据计算确定。复杂预制构件需要设置临时固定工具，吊点和吊具应进行专门设计。

5. 预制构件表面粗糙化处理

根据设计图纸要求，对涂有缓凝剂的部分表面采用高压水枪进行结合面粗糙化处理，处理后粗糙面面积不小于总面积的80%；预制梁、柱、墙板构件端面的凹凸深度不应小于6mm。

3.3.4　构件存储、成品保护及运输控制要点

（1）预制构件的存放场地宜为混凝土硬化地面或经人工处理的自然地坪，应满足平整度和地基承载力要求，并应设置排水措施。

（2）构件存放场地应进行相应的规划，划分构件立放区及构件叠放区；划分不同项目不同种类构件的存放区。在构件堆场布局规划时要充分考虑车辆运输通道、人员作业空间的规划，确保构件运输效率及作业安全。

（3）构件存放时，要与地面进行隔离，构件支承的位置和方法，应根据其受力情况确定，但不得超过预制构件承载力或引起预制构件损伤；预制构件与刚性搁置点之间应设置柔性垫片，且垫片表面应有防止污染构件的措施。

（4）预制梁柱等宜平放，吊环向上，标示向外。堆垛高度应根据预制构件与垫板木的

承载能力、堆垛的稳定性及地基承载力等验算确定；板类构件一般不超过10层，梁或柱类构件一般不超过2层或总体高度不超过1.5m，各层垫木的位置应在一条垂直线上；墙板类构件宜采用专用支架直立存放，支架应具有足够的强度和刚度，薄弱构件、构件薄弱部位和门窗洞口应采取防止变形开裂的临时加固措施。

（5）预制构件存储时，要进行必要的防护以防止构件被污染及损坏。预制构件露天堆放时，其预埋铁件应有防止锈蚀的措施，易积水的预留埋件、预埋孔洞等应采取封堵措施。

（6）预制构件运输应根据施工现场的吊装计划，提前将所需预制构件的规格、数量等信息发至构件厂，提前做好运输准备。在运输前按清单仔细核对预制构件的型号、规格、数量是否配套。

（7）预制柱、梁、叠合板等水平运输构件，装车前应在车仓底部铺设整根枕木或使用专用支撑架进行支垫，装车构件之间采用包裹木方衬垫，构件装车完成后用钢丝带加紧固器绑牢，以防运输中受损。在预制构件的边角部位加防护角垫，以防磨损预制构件的表面和边角。

（8）墙板构件宜采用立式运输，采用靠放架立式运输时，构件与地面倾斜角度宜大于80°，构件应对称靠放，每侧不大于2层，构件层间上部采用木方进行隔离（图3-30）。

图3-20　墙板发运

（9）预制构件运输前，根据运输需要选定合适、平整、坚实的路线，车辆启动应慢、车速行驶均匀，严禁超速、猛拐和急刹车。

3.4　可追溯信息管理

工厂生产可追溯信息管理采用二维码或RFID技术，赋予构件唯一身份标识，通过移动端实时采集数据，进行原材料、生产装配、运输物流、后期运维等全生命周期可追溯性信息管理。构件产品标识、质量证明文件及可追溯信息管理主要过程如下。

3.4.1　构件产品标识和质量证明文件

1. 构件标识

构件标识系统应包括项目编号、生产单位、构件型号、生产日期、质量验收标识等内容。

2. 质量证明文件

构件生产企业应按照有关标准规定或合同要求，对所生产供应的产品出具产品质量证明书，明确重要技术参数，有特殊要求的产品还应提供使用安装说明书。构件生产企业的产品质量证明文件应包括但不限于以下内容：产品合格证；构件编码；原材料、预埋件合格证及复检报告；连接套筒及连接件合格证及性能检测试验记录；过程检验记录及隐蔽工程验收记录；构件蒸养记录；构件生产技术方案；构件修补处理方案；产品检测资料；生产企业名称、生产日期、出厂日期；检验员签字或盖章等。

3.4.2 RFID 管理应用流程

1. 浇筑前

工人需按照深化图纸绑扎钢筋笼，钢筋吊装入模后，安装好预埋件、预埋管线及预留

图 3-21 安装在钢筋上的 RFID 标签

洞槽。在混凝土浇筑前，在预制构件钢筋上安装 RFID 标签，保证标签安装牢固（图 3-21）。

2. 混凝土浇筑

操作工：混凝土浇筑前，点击 RFID 读写器"浇筑"按钮，在 RFID 读写器上输入相关构件信息（编号、层数、单位、流水号等），然后读取 RFID 标签，保存当前工序数据，浇筑界面如图 3-22 所示。

质检员：混凝土浇筑前，点击 RFID 读写器"质检"按钮，使用 RFID 读写器读取 RFID 标签，然后输入该构件的质检结果，保存当前工序数据。

图 3-22 浇筑界面、质检界面

3. 入库

预制构件养护、脱模完成后，进行成品检验。合格后，点击 RFID 读写器"入库"按钮，使用 RFID 读写器读取 RFID 标签，保存当前工序数据，入库界面如图 3-23 所示。预制构件入库后，上传数据到 RFID 基于 Web 的数据库系统。

4. 出库

出厂前，单击 RFID 读写器"出库"，使用 RFID 读写器读取 RFID 标签，保存数据，

出库界面如图 3-24 所示。预制构件出厂后，上传数据到 RFID 基于 Web 的数据库系统。

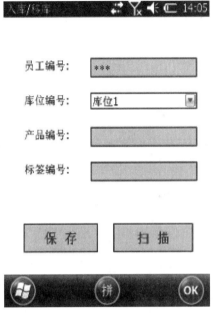

图 3-23　入库

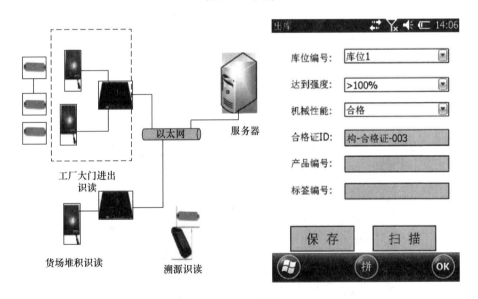

图 3-24　出库

5. 运输

信息关联现场构件装配计划及需求，排布详细运输计划（运输车、运输产品及数量、运输时间、运输人、到达时间等信息）。信息化关联构件装配顺序，确定构件装车次序，整体配送。自动规划装载路线，精确预测到达时间，运输状态实时监控，过程示意图如图 3-25所示。

3.4.3 二维码管理应用流程

二维码应用流程与 RFID 相比，无需在构件内提前埋置标签设备，系统内设置主要生产流程如图 3-26 所示。

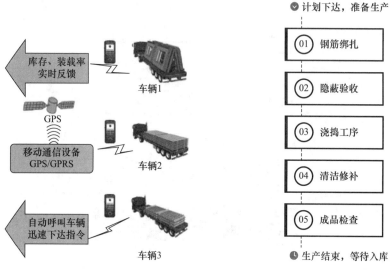

图 3-25 运输过程示意图   图 3-26 主要生产流程

当预制构件生产进行至某一环节时，该生产环节相关责任人员通过扫描二维码进行操作，完成后构件自动进入下一环节，直至构件发货完成。

构件脱模完成后，将对应二维码标签粘贴至构件外伸钢筋特定部位，粘贴完成效果如图 3-27 所示。

图 3-27 二维码标签粘贴完成状态

构件二维码系统内基本信息及全流程追溯，如图 3-28 所示。

图 3-28　构件溯源记录

第 4 章　结构主体施工技术

4.1　装配式预制构件的施工技术

4.1.1　施工工艺流程

为达到流水作业，实现质量、工期优化，装配整体式结构施工流程设置如图 4-1 所示。

1. 预制墙板施工要点

（1）工艺流程

预制墙板安装工艺流程、吊装顺序如图 4-2、图 4-3 所示。

（2）预制墙板钢筋定位

承台、地梁及楼板混凝浇筑前必须使用辅助钢筋定位控制钢板进行钢筋定位控制，墙板吊装前校核定位钢筋位置，保证墙板吊装就位准确。利用预埋的套筒用螺丝预调标高。在浇筑混凝土前将插筋露出部分进行保护，避免浇筑混凝土时污染钢筋，并使用钢筋定位措施件对插筋位置及垂直度进行再次校核，保证预制墙板吊装一次完成（图 4-4）。

（3）预制墙板吊装

1）墙板吊装采用模数化吊装梁，根据预制墙板的吊环位置采用合理的起吊点，确保构件吊装起来后能保持水平，用卸扣将钢丝绳与外墙板的预留吊环连接，起吊至距地 500mm，检查构件外观质量及吊环连接无误后方可继续起吊（图 4-5）。

2）预制墙板安装前，提前将竖向钢筋聚拢，避免墙板下降时钢筋碰撞而耽误时间。同时，将支撑连接件提前固定到位。

3）吊装时要求塔吊缓慢起吊，吊至作业层上方 500mm 左右时，施工人员用两根溜绳用搭钩钩住，用溜绳拖拽，缓缓下降墙板。

（4）预制墙板斜支撑安装

用螺栓将预制墙板的斜支撑杆安装在预制墙板及现浇板上的螺栓连接件上，进行初调，保证墙板的大致竖直。在预制墙板初步就位后，利用固定可调节斜支撑螺栓杆进行临时固定（图 4-6）。

2. 预制柱施工要点

（1）工艺流程

预制柱安装工艺流程、安装顺序如图 4-7、图 4-8 所示。

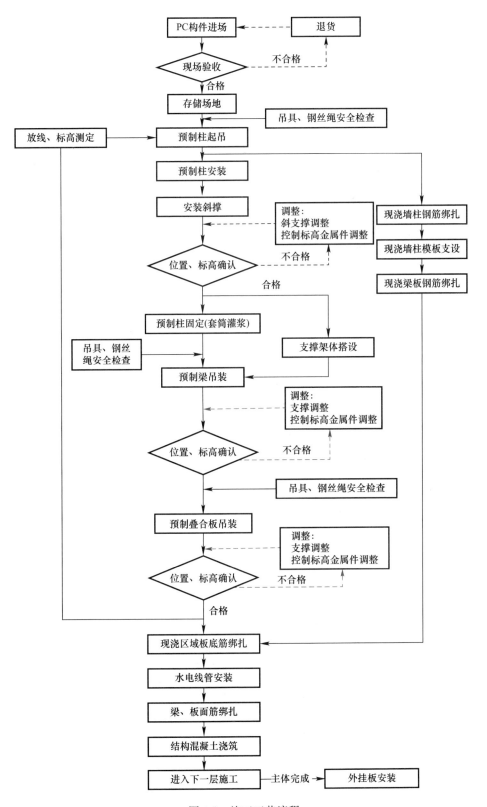

图 4-1　施工工艺流程

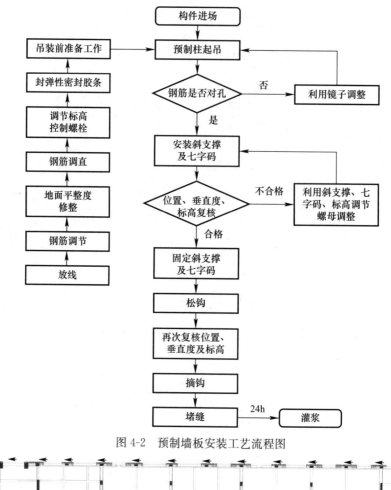

图 4-2　预制墙板安装工艺流程图

图 4-3　预制墙板吊装顺序

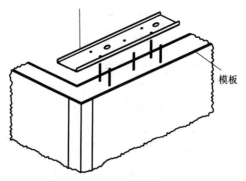

图 4-4　辅助钢筋定位钢板定位示意图

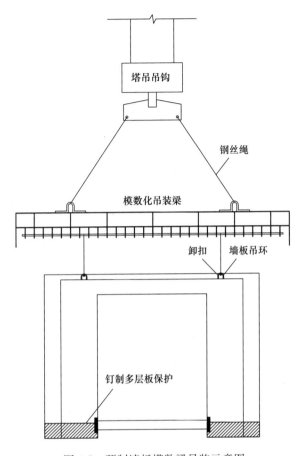

图 4-5　预制墙板模数梁吊装示意图

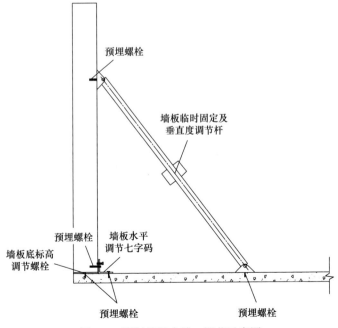

图 4-6　预制墙板支撑、调节示意图

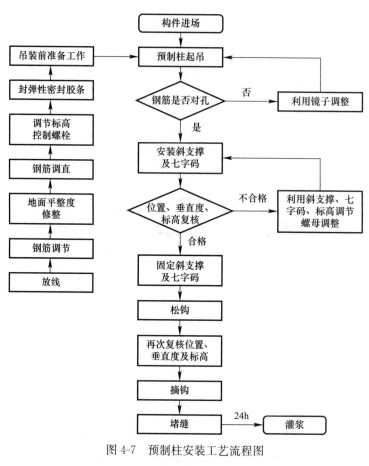

图 4-7　预制柱安装工艺流程图

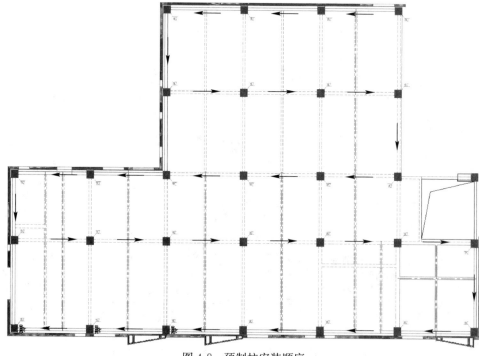

图 4-8　预制柱安装顺序

（2）预制柱钢筋定位

预制柱钢筋采用灌浆套筒连接，定位钢筋的准确性直接影响预制柱吊装的速度及预制墙板施工的安全性。

（3）现浇板施工时预制柱斜支撑埋件施工

1）预制柱支撑体系中，要求在楼层板水平模板搭设完毕后，根据预埋螺母定位图进行定位，并弹线标出，要求预埋螺母定位必须准确。

2）预埋螺母分为两种规格，位于叠合板上的预埋螺母长度为100mm，位于全现浇楼板处的预埋螺母长度为140mm。

3）预埋螺母固定采用预埋螺母附加钢筋与楼板钢筋焊接固定，焊接必须牢靠。

4）预埋螺母在预埋定位前，必须用胶带将预埋螺母口缠裹好，保证在浇筑混凝土不污染螺母口，如图4-9所示。

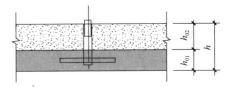

图4-9 预埋螺母做法示意图

（4）预制柱吊装

1）预制柱吊装时用卸扣将钢丝绳与预制柱的预留吊环连接，起吊至距地500mm，检查构件外观质量及吊环连接无误后方可继续起吊，起吊要求缓慢匀速，保证预制柱边缘不被损坏，如图4-10所示。

2）预制柱吊装时，要求塔吊缓慢起吊，吊至作业层上方500mm左右时，施工人员用手扶住预制柱辅助柱子定位至连接位置，并缓缓下降柱子（图4-11）。

图4-10 预埋柱吊装示意图

图4-11 预埋柱安装示意图

（5）预制柱斜支撑安装

用螺栓将预制柱的斜支撑杆安装在预制柱及现浇板上的螺栓连接件上，进行初调，保证柱子的大致竖直。在预制柱初步就位后，利用固定可调节斜支撑螺栓杆临时固定，方便后续墙板精确校正（图4-12）。柱子就位后，进行柱子精确调节。

1）吊装完成后将斜支撑安装在柱面、楼面上，斜支撑长螺杆长4000mm，可调节长度为±100mm。

2）柱子安装精度调节：在垂直于柱面方向，利用长斜撑调节杆，通过可调节装置对柱子顶部的水平位移的调节来控制其垂直度。

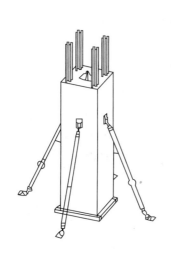

图 4-12　预制柱斜支撑安装示意图

3. 叠合梁施工要点

（1）工艺流程

叠合梁安装工艺流程、吊装顺序如图 4-13、图 4-14 所示。

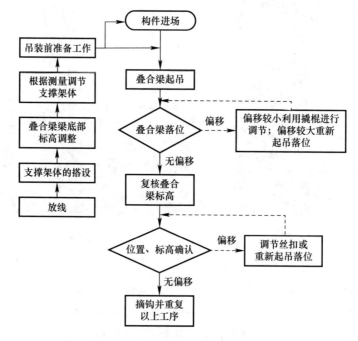

图 4-13　叠合梁安装工艺流程图

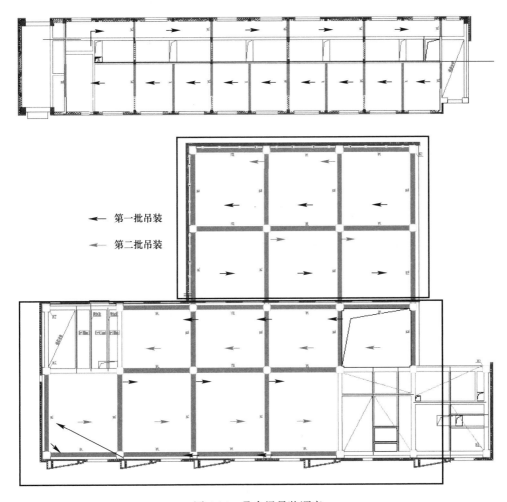

图 4-14　叠合梁吊装顺序

（2）安装准备

根据施工图纸，检查叠合梁构件类型，确定安装位置，并对叠合梁吊装顺序进行编号；梁吊装顺序应遵循先主梁后次梁，先低后高的原则；根据结构特点，确定叠合梁吊装顺序为先吊 Y 方向主梁，再吊 X 方向主梁，之后吊次梁；根据施工图纸，测量并修正柱顶标高，确保与梁底标高一致，柱上弹出梁边控制线（梁搁柱头 2cm 线）。

（3）叠合梁支撑体系

叠合梁采用盘扣架作为支撑系统。

梁底支撑标高调整宜高出梁底结构标高 2mm，应保证支撑充分受力并撑紧支撑架后方可松开吊钩。

（4）叠合梁吊装、就位

叠合梁起吊时，必须采用模数化吊装梁吊装，要求吊装时 2 个吊点均匀受力，起吊缓慢，保证叠合梁平稳吊装。

叠合梁吊装过程中，在作业层上空 300mm 处略作停顿，根据叠合梁位置调整叠合梁方向进行定位。吊装过程中注意避免叠合梁上的预留钢筋与柱头的竖向钢筋碰撞，叠合梁停稳慢放，以免吊装放置时冲击力过大导致板面损坏。

叠合梁落位后，先对叠合梁的底标高进行复测，同时使用水平靠尺的水平气泡观察叠合梁是否水平，如出现偏差，及时对叠合梁和支撑架端可调托撑进行调节，待标高和平整度控制在安装误差内之后，再进行摘钩。

4. 叠合板吊装

（1）工艺流程

叠合板吊装工艺流程、吊装顺序如图 4-15、图 4-16 所示。

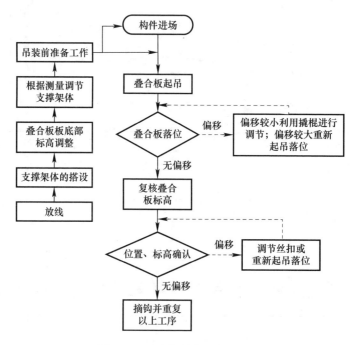

图 4-15　叠合板吊装工艺流程图

（2）安装准备

1）根据施工图纸，检查叠合板构件类型，确定安装位置，并对叠合板吊装顺序进行编号；

2）根据施工图纸，弹出叠合板的水平控制线，并进行复核；

3）提前将顶板支撑模板安装就位，测量顶标高，并进行复核；

4）叠合板支撑采用盘扣架，支撑布置详见专项方案。

（3）叠合板吊装、就位

叠合板起吊时，必须采用模数化吊装梁吊装，要求吊装时所有吊点均匀受力，起吊缓慢，保证叠合板平稳吊装。叠合板吊装示意图如图 4-17 所示。

叠合板吊装过程中，在作业层上空 300~500mm 处略作停顿，根据叠合板位置调整叠合板方向进行定位，并确保板锚固筋与梁箍筋错开，根据弹出的控制线，准确就位，偏差不得大于 2mm，累计误差不得大于 5mm，叠合板停稳慢放，以免吊装放置时冲击力过大导致板面损坏。

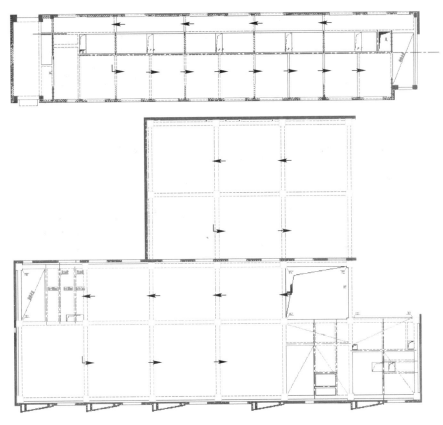

图 4-16　叠合板吊装顺序

（4）叠合板节点区域扎筋、支摸及上部机电管线敷设

待机电管线铺设完毕清理干净后，根据在叠合板上方钢筋间距控制线进行钢筋绑扎，保证钢筋搭接和间距符合设计要求。同时，利用叠合板桁架钢筋作为上铁钢筋的马凳，确保上铁钢筋的保护层厚度（图 4-18、图 4-19）。

图 4-17　叠合板吊装示意图　　　　图 4-18　扎筋及管线敷设

图 4-19　叠合板节点区支摸

（5）叠合层钢筋隐检合格，叠合面清理干净后浇筑叠合板混凝土

认真清扫叠合板面，并在混凝土浇筑前进行湿润。叠合板混凝土浇筑时，为了保证叠合板及支撑受力均匀，混凝土浇筑采取从中间向两边浇筑，连续施工，一次完成。

根据楼板标高控制线，控制板厚；浇筑时采用 2m 刮杠将混凝土刮平，随即进行混凝土抹面及拉毛处理。

5. 预制楼梯板安装施工

（1）工艺流程

预制楼梯板安装工艺流程如图 4-20 所示。

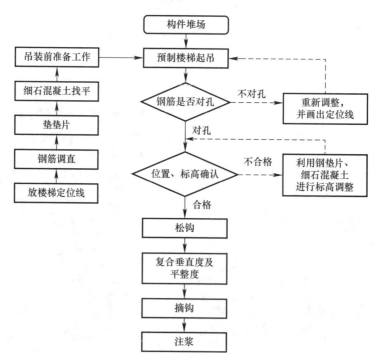

图 4-20　预制楼梯板安装工艺流程图

（2）预制楼梯吊装

1）根据施工图纸，检查核对构件编号，确定安装位置，并对吊装顺序进行编号。

2）根据施工图纸，弹出楼梯安装控制线，对控制线及标高进行复核。楼梯侧面距结构墙体预留一定空隙，为后续初装的抹灰层预留空间；梯井之间根据楼梯栏杆安装要求预留安装空隙。

3）在楼梯段上下口梯梁处采用砂浆找平，找平层灰饼标高要控制准确。

4）预制楼梯板采用水平吊装，用螺栓将通用吊耳与楼梯板预埋吊装内螺母连接，起吊前检查卸扣卡环，确认牢固后方可继续缓慢起吊（图 4-21）。

（3）预制楼梯板就位

待楼梯板吊装至作业面上 500mm 处略作停顿，根据楼梯板方向调整，就位时要求缓慢操作，严禁快速猛放，以免造成楼梯板振折损坏。楼梯板基本就位后，根据控制线，利用撬棍微调，校正。楼梯段校正完毕后，将梯段预埋件与结构预埋件焊接固定。

（4）预制楼梯板与现浇部位连接灌浆

楼梯板焊接固定后，在预制楼梯板与休息平台连接部位采用灌浆料进行灌浆，灌浆要求从楼梯板的一侧向另外一侧灌注，待灌浆料从另一侧溢出后表示灌满（图 4-22）。

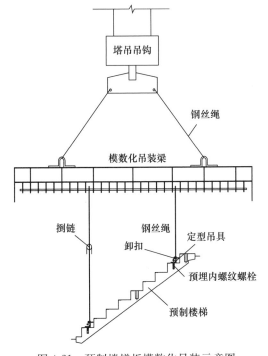

图 4-21　预制楼梯板模数化吊装示意图

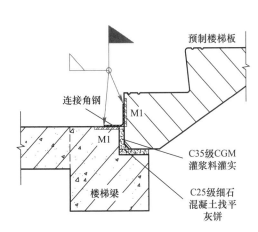

图 4-22　预制楼梯连接示意图

6. 预制外挂板（三明治墙板）安装施工

（1）工艺流程

预制外挂板安装工艺流程、吊装顺序如图 4-23、图 4-24 所示。

（2）安装准备

熟悉图纸，检查核对编号，确定安装位置，并对吊装顺序进行编号。

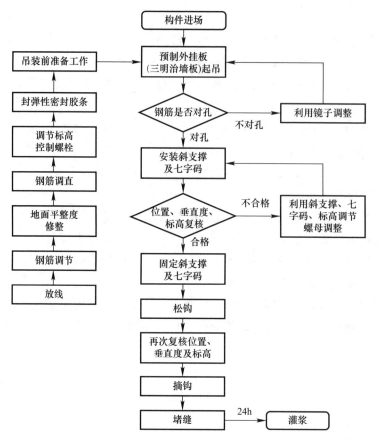

图 4-23　预制外挂板安装工艺流程图

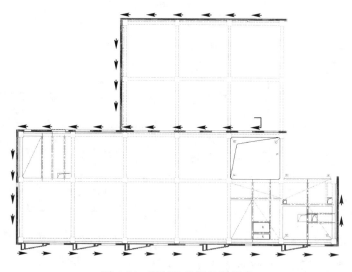

图 4-24　预制外挂板吊装顺序

将装饰板的水平位置线及标高控制线弹出，并对其控制线及标高进行复核。

（3）预制外挂板吊装

预制外挂板吊装时要求缓慢匀速，严禁快速猛放，以免造成装饰板损坏。

预制外挂板吊装采用高强螺栓辅助通用吊具连接预制外挂板预留螺母，吊装时要求保证高强螺栓、通用吊具与外挂板连接螺母连接牢固（图4-25）。

预制外挂板板安装：外挂板上部采用螺栓固定；下部采用焊接固定，下部定位准确后将预制梁上的埋件焊接固定。

4.1.2 施工现场的平面布置

装配式结构建筑不同于传统现浇结构建筑，最显著的特征是构件施工带来的现场施工规划差异，从现场施工道路到材料堆场的规划再到塔吊的布置均需要重新布置。

1. 现场施工道路布置

（1）现浇施工道路

由于预制构件重量较大，且数量较多，所

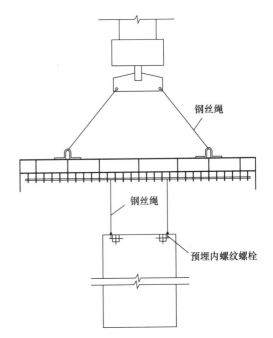

图 4-25 预制外挂板吊装连接示意图

以构件厂家的运输车辆也相对较大。且为保证预制构件运输过程中不会因道路颠簸造成开裂现象，对现场施工道路的平整度也提出了较高要求：

1）装配式结构工程现场施工道路，应考虑构件厂运输车辆尺寸，确定道路宽度及转角处转弯半径。一般来说运输道路的宽度不小于8m。

2）装配式结构工程现场施工道路，应综合考虑构件厂及其他材料运输车辆的总载重，确定混凝土浇筑厚度，避免由于道路承载力考虑不足，导致现场道路破坏，进而影响构件运输质量，造成叠合板开裂。一般来说，构件运输道路的厚度应不小于150mm。

3）装配式结构工程现场施工道路，应尽量保证形成环路，提高构件的运输效率；若不能保证环路，需考虑构件车辆停放位置与构件堆场的吊运便捷性，尽量避免二次转运。

（2）预制现场施工道路

为保证施工道路的承载能力，行业内部出现了一种可周转现场施工道路，该预制道路尺寸一般为1.0m×1.5m或1.0m×2.0m，厚度一般为200mm，预制道路的上下四周均用5×5×2.5的角钢进行焊接，内部中间配置直径为10mm、间距为200mm的单层钢筋网片，角度设置吊环或吊洞，浇筑C25或C30混凝土，如图4-26所示。

2. 预制构件堆场布置

（1）预制构件的堆放

预制构件运输至施工现场后，需要根据现场进度安排和施工部署进行构件堆场，堆场要求如下：

1）构件的存放场地应平整坚实，并有排水措施，卸放、吊装工作范围内不应有障碍物，并应有满足预制构件周转使用的场地。

2）预制构件运送到施工现场后，应按规格、品种、使用部位、吊装顺序分别设置存放场地。存放场地应设置在吊车有效起重范围内，并设置通道。

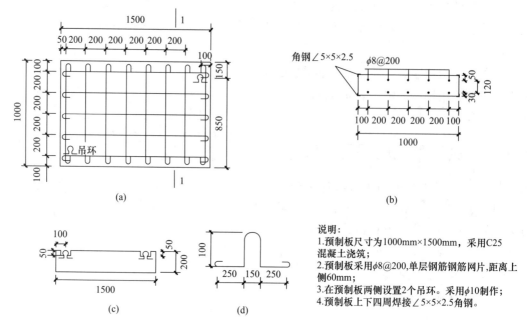

图 4-26　预制道路示例

（a）预制道路板平面图；（b）1-1 剖面图；（c）预制道路板吊环图；（d）吊环大样图

3）为保证构件安装的施工效率，构件的存放位置及分类习惯，应得到劳务施工人员、塔吊信号工、总包工长等人员的一致意见。

（2）预制墙板构件的堆放要求（图 4-27）

1）预制墙板构件立式码放，码放要保证构件与水平夹角不小于 80°。

2）放在指定区域、位置的专用插放架内，码放垫木尺寸 12cm×12cm×20cm。

3）支点在横向端点向内 1/4 处，且不小于 50cm。支点中心位置为吊钉投影位置，必须支垫在内页墙板处，禁止支垫在外页墙板处。

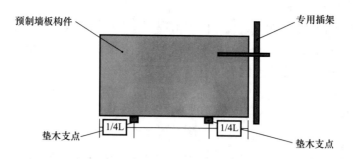

图 4-27　预制剪力墙构件堆放示意图

（3）叠合板构件的堆放要求（图 4-28）

1）叠合板等构件水平层叠码放。

2）码放要保证构件水平，不得有歪斜现象，码放垫木尺寸为 8cm×8cm×25cm。

3）支点在横向端点向内 1/4 长度，且不少于 50cm。

4）上下层垫木要在同一位置，最高不得超过 6 层。

（4）预制楼梯的堆放要求（图 4-29）

1）预制楼梯的方式采用立式或平式放置。

2）在堆置预制楼梯时，板下部两端垫置 100mm×100mm 垫木，垫木位置在 1/5L～1/4L 处。

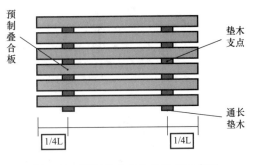

图 4-28 预制叠合板构件堆放示意图

3）垫木层与层之间应垫平，各层垫木应上下对齐。

4）不同类型的楼梯应分别堆垛，堆垛层数不宜大于 5 层。

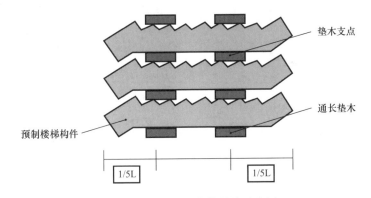

图 4-29 预制楼梯构件堆放示意图

（5）预制构件堆放注意事项

1）预制构件的堆放场地大小依据现场施工布置确定，一般来说，预制构件堆场数量参照"用一备一"的原则，即现场施工用一层构件，堆场再存放一层的构件，以保证施工进度要求。

2）构件的堆场应对基础承载力进行验算，尤其是当项目施工场地有限时，如果将堆场设置在地下车库的顶板，需要与设计院复核，进行车库顶板承载力的计算，同时在编制车库顶板架体施工方案及装配式施工组织设计时，明确架体回顶措施。

3）如果现场确实没有堆放场地，可以考虑构件场外吊装的方式，即构件运输车停放于场外道路，构件直接从运输车吊运到施工层，该方式需要进行塔吊覆盖范围、场外道路停车及构件运输费用等方面的考量。

预制构件堆放示意如图 4-30 所示。

3. 塔吊的布置

装配式结构工程施工过程中，可以有效减少建筑垃圾的产生，将混凝土的现场浇筑转移到工厂预制，能够降低现场工人数量，提高施工安全性，但是由于构件的安装，对塔吊的吊力、吊次提出了更高的要求。

图 4-30　构件堆放

（a）叠合板堆放示意；（b）预制楼梯堆放示意（c）预制墙板堆放示意；（d）预制叠合梁堆放示意

（1）塔吊布置的整体原则

塔吊作为预制构件运输安装最重要的垂直运输工具，布置的数量及型号对装配式结构工程的进度及成本有较大影响。在保证构件安装进度的前提下，尽量减少项目施工成本。

（2）塔吊吊力计算

装配式结构建筑由于构件数量较多，占用塔吊时间较长，同时由于现浇段的存在，传统的钢筋、模板、架料等同样耗费塔吊吊次，为保证塔吊吊力、吊次充足，需要进行塔吊吊力的计算。

构件吊装时间由预备挂钩、安全检查、回转就位、安装作业、起升回转固定时间、起升、落钩至地面的可变动时间组成。经统计，不同构件的吊装施工所需要的时间不同，具体耗时明细如表 4-1～表 4-4 所示。

预制墙板吊装耗时明细表

表 4-1

墙板单次吊装时间（min）							单次总用时（min）
预备挂钩时间	安全检查时间	起升时间	回转就位	安装作业时间	起升回转	落钩至地面时间	
2	1	3	2.5	5	1.5	1	16

预制叠合板吊装耗时明细表　　　　　　　　　　表 4-2

预制板单次吊装时间（min）							单次总用时（min）
预备挂钩时间	安全检查时间	起升时间	回转就位	安装作业时间	起升回转	落钩至地面时间	
2	1	3	3	10	1.5	1	21.5

阳台板吊装耗时明细表　　　　　　　　　　　　表 4-3

阳台板单次吊装时间（min）							单次总用时（min）
预备挂钩时间	安全检查时间	起升时间	回转就位	安装作业时间	起升回转	落钩至地面时间	
2	1	3	2.5	9	1.5	1	20

预制楼梯吊装耗时明细表　　　　　　　　　　　表 4-4

预制楼梯单次吊装时间（min）							单次总用时（min）
预备挂钩时间	安全检查时间	起升时间	回转就位	安装作业时间	起升回转	落钩至地面时间	
2	1	3	4	12	1.5	1	24.5

以某项目的一个标准层流水段为例，该流水段预制墙板 43 块，预制叠合板 46 块，预制楼梯 2 块，则该标准层流水段吊装时间为：

预制墙板吊装用时：16min/吊×43 块＝688min；

预制叠合板吊装用时：21.5min/吊×46 块＝989min；

预制楼梯吊装用时：24.5min/吊×2 块＝49min；

钢筋、支撑架吊装用时：60min；

布料机等机械吊装用时：30min；

该流水段合计吊装用时：688＋989＋49＋60＋30＝1816（min）＝30.3（h），构件吊装时间按每天 10h 计算，则理论吊装时间为 3d。

（3）塔吊吊重复核

塔吊的布置除了需要满足吊次的需求之外，还需要进行吊重的复核（复核内容包括吊具重量和构件重量总和、塔吊二倍率和四倍率的切换方式等），重点考虑内容如下：

1）塔吊的型号需要考虑堆场位置，保证每处堆场构件的起吊，一般来说，堆场中最重的预制构件为剪刀楼梯构件，重量可达 5t 甚至更多，为了尽可能使用较小型号的塔吊，堆场布置时，可将重量较大的构件堆场更靠近塔吊基础位置。同时，在前期深化设计过程中，也可以与设计沟通，将重型构件拆分，改成重量较小的构件。

2）塔吊的型号选择需要考虑建筑楼层的结构平面，保证将每块预制构件吊装至指定位置。因此，塔吊基础的位置选择时，需尽量靠近大重量预制构件的安装位置，如靠近剪刀梯一侧、靠近大重量预制墙板一侧等。

3）塔吊型号的选择需考虑构件运输的停放位置。当施工现场没有环路或需要直接从构件运输车吊装到施工层时，需满足最重构件的吊力。

4.1.3 预制构件的吊装

由于预制构件重量较大，尺寸规格多，吊装形式多样，吊装过程中需要重点关注施工的安全性，本节将从构件吊装吊具和吊装过程中安全风险点两部分进行介绍。

1. 吊装用具

预制构件吊装用具大致分为吊装用钢丝绳、吊装框（梁）和吊点吊具三类。

（1）吊装用钢丝绳要求

1）吊索应该采用6×37型钢丝绳制作成环式或八股头式，长度和直径根据起吊构件的尺寸、重量和吊装方法确定，使用时可以采用单根、双根、四根及多根悬吊形式。

2）吊索的绳环或两端的绳套应该采用压接接头，压接接头的长度不小于钢丝绳直径的20倍，且不小于300mm。

（2）吊装框（梁）要求

1）吊装预制墙体构件时，宜采用吊装梁（图4-31～图4-33），吊装梁的承载能力需经过核算（一般由吊具厂家提供）。

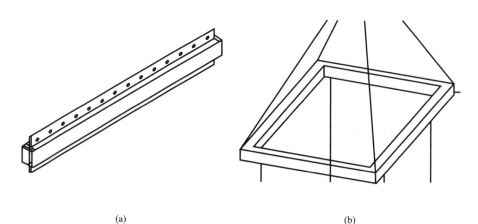

(a)　　　　　　　　　　　　　　　　　　(b)

图 4-31　吊装框（梁）

（a）一字形吊装梁；（b）框式吊装梁

图 4-32　模数化通用吊梁示意

图 4-33　模数化通用组合吊具示意

2）吊装预制楼梯构件时，应采用专用型框式吊装梁（图 4-31）。

3）主钢丝绳与吊装梁的水平夹角不宜小于 60°。

（3）吊点吊具

1）预埋吊点

目前预埋吊点主要有四类，分别是预埋套筒（直管套筒和螺纹钢套筒）、预埋吊钉（眼型吊钉、普通吊钉）、预埋锚板（两眼锚和人字锚）、预埋吊环，如表 4-5、图 4-34 所示。

预 埋 吊 装　　　　　　　　　　　　　　　　　　表 4-5

序号	吊点形式	吊装原理
1	预埋套筒	广泛应用于预制混凝土结构，通过横孔插入钢筋，将荷载传递到混凝土中
2	预埋吊钉	胶波和吊钉配合使用，胶波可以将吊钉固定在指定位置，并在吊钉周围产生凹槽，方便吊钉和吊钩快速相连
3	预埋锚板	两眼锚或人字锚通过底部插入的钢筋将荷载传递到混凝土中，广泛应用于起重梁、墙体中
4	预埋吊环	钢筋制作成吊环，通过附件措施筋将荷载传递到混凝土中

(a)　　　　　　　　　　(b)　　　　　　　　　　(c)

图 4-34　预埋吊装（一）

（a）螺纹钢套筒；（b）直管套筒；（c）眼型吊钉

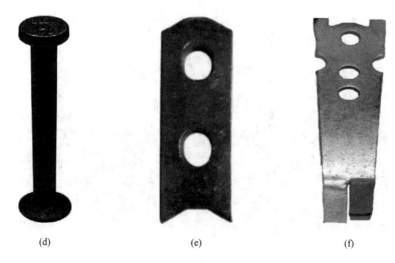

图 4-34　预埋吊装（二）

（d）普通吊钉；（e）两眼锚板；（f）人字锚板

2）吊具

与上述预埋吊点——对应，吊具分为万向环吊具、鸭嘴扣吊钩、扁杆吊钩和羊角钩四类，如图 4-35 所示。

图 4-35　吊具形式

（a）万向环吊具；（b）鸭嘴扣吊钩；（c）扁杆吊钩；（d）羊角钩

3）不同吊点吊具适用范围

采用预留吊环配合羊角钩进行吊装的方式，具备使用范围广、操作简单的优势，但是其吊重较小，安全系数低，且后期吊环需要切割，处理不便。一般应用于叠合板的吊装。

采用预埋吊钉配合鸭嘴扣吊钩进行吊装的方式，具备吊重大、后期处理方便、操作简单的优势，但是适用范围有限（不能用于水平预制构件），安全系数较低，且对吊装要求较高。

采用预埋锚板配合扁杆吊钩进行吊装的方式，具备后期处理方便、操作简单的优势，但是吊重较小，安全系数较低。

采用预埋套筒配合万向环进行吊装的方式，具备使用范围广、后期处理方便、吊重大、操作简单的优势，但是安全系数较低，且损耗大。一般适用于墙板构件和预制楼梯构件的吊装。

2. 吊装钢丝绳

结构吊装中常用的钢丝绳是由六束绳股和一根绳芯（一般为麻芯）捻成（6×19W＋FC），绳股是由许多高强钢丝捻成。吊装常用钢丝绳配备验算表如表 4-6 所示。

预制构件吊装常用钢丝绳配备验算表　　　表 4-6

构件类别	起吊形式	吊具	吊点数量	钢丝绳角度	最大轴荷	单钢丝绳轴荷	最大拉力＝P	选取最小直径	承载力
预制柱	钢绳直吊	钢丝绳、圆头吊钉、鸭嘴扣、波纹套筒、吊环	2	≥75°	49.7kN	25.72kN	254.63kN	24mm	298kN
预制叠合梁	吊梁起吊	模数化平衡梁、钢丝绳、D型卸扣、预埋吊环	2	90°	39.5kN	19.75kN	195.5kN	22mm	251kN
预制楼梯	组合吊具起吊	模数化组合吊架、导链、吊环、波纹套筒	4	90°	43.8kN	10.9kN	107.9kN	16mm	133kN
预制叠合板	组合吊具起吊	模数化组合吊架、钢丝绳、D型卸扣	4	60°	16.0kN	4.0kN	39.6kN	12mm	74.6kN
		模数化组合吊架、钢丝绳、D型卸扣	6	60°	23.7kN	3.9kN	23.4kN	12mm	74.6kN
		模数化组合吊架、钢丝绳、D型卸扣	8	60°	42.1kN	6.3kN	52.47kN	12mm	74.6kN
预制三明治板	吊梁起吊	模数化平衡梁、钢丝绳、吊环、波纹套筒	2	90°	80.0kN	40kN	396kN	28mm	406kN
		模数化平衡梁、钢丝绳、吊环、波纹套筒	3	90°	120.0kN	40kN	396kN	28mm	406kN
预制外挂板	吊梁起吊	模数化平衡梁、钢丝绳、吊环、波纹套筒	2	90°	67.3kN	33.2N	328.7kN	26mm	350kN

3. 吊装风险点

（1）预制外挂墙板的吊装

由于预制外挂墙板（PCF 板）截面为 L 形，现场堆放一般采用平面式横向堆放，但 PCF 板的预埋吊点的受力模型为竖向受拉，这就导致现场吊装过程中，将平面横放的 PCF 板调整成竖直状态时，预埋吊点承受横向抗剪力，且由于 PCF 板仅有外叶板和保温板，混凝土厚度较薄，本身抗剪力较差，吊装过程中极易出现吊点破坏的情况。

为降低此类安全风险，PCF 板构件加工过程中，明确预埋吊点处的抗剪措施钢筋构造，并进行受力验算。

（2）构件吊装完成后的摘钩动作

现场施工层预制构件吊装完成后，需要对墙板构件吊具进行摘钩，由于构件施工层无安全带高挂低用的条件，工人通常踩在预制墙板的水平外伸钢筋上进行摘钩作业，易发生坠落事故。

为降低此类安全风险，建议墙板吊装施工班组配置钢制或木质条凳，以方便工人摘钩，确保人身安全。

（3）构件地面挂钩动作

墙体构件吊装前，地面操作工人需要将吊具与构件的预埋吊点进行挂接，预制墙板构件的吊点均位于墙板顶面，工人施工通常踩在预制墙板的水平外伸钢筋上进行挂钩作业，易发生坠落事故。

为降低此类安全风险，建议租赁或采购两侧带有斜梯的墙板构件支撑架。此外，在选择墙板构件支撑架时，需特别注意架体的防倾覆措施是否到位，架体横杆的承载力是否合格。

（4）墙板构件的斜撑

墙板预制构件吊装过程中，需要使用长短杆进行构件的支撑固定，长短杆一般采用在叠合板现浇层预埋套筒的方式，与楼板连接，但由于墙板构件尺寸和自重较大，且后期结构施工楼层较高，风力较强，易发生斜支撑破坏，进而导致墙板坠落的风险。

为降低此类安全风险，建议将斜撑与楼板连接的预埋套筒，深入到叠合板，在叠合板构件生产时，将预埋件埋入，确保斜撑埋件的受力性能。

（5）构件吊装流程

构件吊装前应进行试吊装，并检查吊具和预埋件是否牢固。构件起吊后，在距离地面500mm处，应稍作停顿，确保构件吊装的安全后，继续吊运安装。

4.1.4 转换层施工

转换层是指结构设计中竖向结构现浇的最高楼层，即从此楼层开始，由现浇结构转换为预制构件结构。一般来说，转换层设置于3～4层。转换层施工难度较大，一般需要20～25d进行施工。

转换层的施工与标准层施工主要存在两点差异：一是转换层插入套筒内部的钢筋不同，二是PCF板的底部加固支撑措施不同。

1. 转换层钢筋定位

由于转换层插入灌浆套筒内部的钢筋是在现浇层施工过程中预埋的，所以为保证施工方便高效，预埋钢筋的定位极为关键。

（1）转换层施工预埋钢筋定位难点

1）点位精度要求高。钢筋套筒内径与带肋钢筋直径相差10mm左右，导致一旦钢筋位置错位，基本无法吊装。

2）预埋钢筋碰撞情况多。转换层外伸钢筋一般位于梁筋位置上，极易与梁纵向受力筋、箍筋碰撞。

3）首次吊装难度大。由于定位钢筋的不准确性及吊装工人的不熟练性，导致首层吊装过程中难度较大。

（2）转换层预埋钢筋定位解决办法

1）使用定制的钢筋定位钢板，即四周用角钢焊接，底部钢板根据每面墙体灌浆套筒的位置进行开洞，在现浇层混凝土浇筑前，用钢筋定位钢板对现浇墙体的竖向外伸钢筋进行定位，直至混凝土养护完成。如图 4-36 所示。

图 4-36　转换层预埋钢筋定位

定位钢板使用过程中需要注意，一是要提前用油漆在定位钢板上进行编号，做到与预制墙板编号一一对应；二是预埋钢筋通过定位钢板的孔洞时，需要保证竖直，避免倾斜。

2）预埋钢筋与梁纵向受力筋碰撞，可以通过改变梁纵筋及箍筋形式解决：一是箍筋弯钩会将梁纵筋位置固定，导致外伸钢筋在插入过程中纵筋位置不可调整，通过将开口设置在下方，方便纵筋位置调整，便于控制外伸钢筋位置。二是提前和设计沟通，将梁上排纵向钢筋横距扩大或者变为两排，避免现浇层外伸钢筋与梁上排纵筋冲突。

3）通过吊装班组培训及样板构件的吊装，提高吊装工人的操作熟练度，明确定位钢筋偏移的处理方案。

2. PCF 板的支撑加固

（1）PCF 板支撑加固难点

由于预制剪力外墙一般采用"三明治"墙体形式，即由外叶板、保温板和内页板组成，现浇层结构施工仅施工内页板，保温层和外叶板待结构施工完成后再实施，导致转换层 PCF 板施工时，底部无支撑加固条件。

（2）解决方式

在 PCF 板底部的现浇墙体部位，采用胀栓和角钢的方式，进行 PCF 板的支撑，PCF 板落在角钢上，角钢通过胀栓与现浇墙体连接。PCF 板的加固措施采用 L 形加固背楞，与相邻两侧的预制墙板进行连接。如图 4-37 所示。

4.1.5　构件支撑体系

预制构件的支撑体系依照不同的构件形式，有不同的支撑方式，可以分为：墙体构件的支撑体系和水平构件的支撑体系两种。

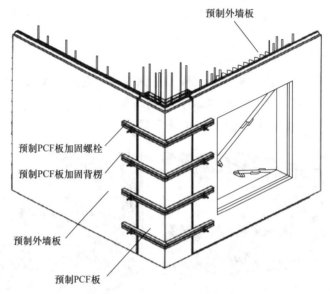

图 4-37　PCF 板的支撑加固

1. 墙体构件的支撑体系

（1）斜撑

墙体构件的斜撑主要有两种形式："斜向长杆＋斜向短杆"和"斜向长杆＋7 字码"，如表 4-7、图 4-38 所示。

斜撑支撑杆件　　　　　　　　　　　　　　　　　　　　表 4-7

支撑杆件	作用	受力	拆除条件
长杆	墙体构件调直	以拉压为主，偏心情况下受弯	后浇混凝土或（和）灌浆料强度达到设计要求，当无设计要求时达到设计强度的 75%
短杆/7 字码	墙体构件定位	支点受拉兼受剪	

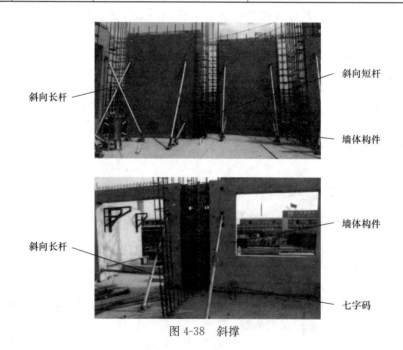

图 4-38　斜撑

（2）调平配件

为保证墙体构件距结构楼板 20mm，以方便灌浆施工，需要在墙体底部添加垫片，垫片同时可以起到墙体构件调平的作用。常用垫片形式分为两种：钢型圆垫片和螺母型垫片（图 4-39）。

(a)　　　　　　　　　　　(b)

图 4-39　调平配件

（a）钢型圆垫片；（b）螺母型垫片

钢型圆垫片具有操作简单、成本低等优势，但是由于垫片本身的厚度，导致不能连续调节构件高度，调平效果较差。

螺母型垫片能够连续调节构件高度，操作简单，但需要前期楼板浇筑时预埋螺母，且成本相对较高。

2. 水平构件的支撑体系

（1）三角独立支撑体系

水平构件的支撑体系优先选用三角独立支撑体系，由三角稳定架＋独立支撑＋铝合金工字梁组成。该体系架体支撑形式简单，施工层内部空间较大，便于工序的穿插，同时施工效率较高，能够有效缩短工期。

三角独立支撑的间距不得大于 2.0m，每条铝合金工字梁下设两个独立支撑，架体的承载能力需经过计算校核（一般由厂家提供），如图 4-40 所示。

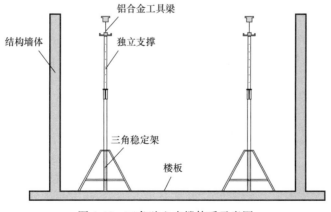

图 4-40　三角独立支撑体系示意图

施工过程中，根据施工部署配置架体数量，正常情况下，每栋装配式工程，需配置独立支撑和铝合金工字梁两套，三角稳定架一套。

图 4-41　满堂架支撑

（2）满堂架支撑体系

当结构层高大于 3.0m 时，由于三角独立支撑的不稳定性，水平构件的支撑不能采用三角独立支撑体系，只能采用满堂架支撑体系（图 4-41）。该支撑体系龙骨一般采用木枋，支撑头为 U 托，木枋间距不大于 2.0m。满堂架体支撑体系的受力计算与全现浇结构受力计算一致。工程实际应用时，可对比分析盘扣架、碗口架、轮扣架和扣件式钢管架的工效、成本等进行选择。

4.1.6　钢筋套筒灌浆施工

目前行业主流的装配式结构体系中，竖向钢筋通过钢筋套筒灌浆连接应用最为广泛，灌浆套筒可分为全灌浆套筒和半灌浆套筒，而此种连接方式是决定建筑结构整体性和安全的关键因素，因此钢筋套筒的灌浆施工受到了各方的普遍关注。本节将从钢筋套筒灌浆施工的材料机具准备、施工工艺要点、质量控制措施和施工工效四个方面进行介绍。

1. 材料机具准备

（1）灌浆材料

水泥基灌浆料是由水泥、骨料、外加剂和矿物掺合料等原材料在专业化工厂按比例计量混合而成，在使用地点按规定比例加水或配套组分拌合的灌浆材料。

灌浆料的选择必须经过接头型式检验，且需在构件厂检验套筒强度是否为配套的接头专用灌浆材料。钢筋套筒的灌浆料强度不宜低于 85MPa。

如需要进行冬期灌浆施工，需采用专用低温灌浆料，详见第 4.3.1 节。

（2）座浆料

座浆料是用于墙板预制构件底部封堵用的材料，主要应用于内墙板两侧和外墙板内侧，座浆料的强度不宜低于 40MPa。

（3）塑料弹性密封带

密封带应用于预制外墙板外侧的封堵，需要有一定的厚度，一般为 30mm，压扁到接缝高度（20mm）后需要有一定强度，且密封带不能吸水，防止其吸收灌浆料水分引起收缩。

（4）灌浆机具

灌浆机具应选用压力灌浆设备，设备压力值应根据灌浆料的流动度、分仓大小确定。

2. 施工工艺要点

（1）分仓

采用电动灌浆泵灌浆时，一般单仓长度不超过 1m，在经过实体灌浆试验确定可行后可延长，但不宜超过 3m。仓体越大，灌浆阻力越大，灌浆压力越大，灌浆时间越长，对封缝的要求越高，灌浆不满的风险越大。

分仓隔墙宽度不应小于 20mm，为防止遮挡套筒孔口，距离连接钢筋外缘应不小于 40mm。

（2）封缝

封缝时两侧须内衬模板（通常为便于抽出的 PVC 管），将拌好的封堵料填塞充满模板，保证与上下构件表面结合密实。然后抽出内衬，填抹 15～20mm 深，确保不堵套筒孔。

（3）灌浆

灌浆连接施工前进行灌浆料初始流动度检验，流动度合格方可使用。灌浆浆料要在自加水搅拌开始 20～30min 内灌完。同一仓只能在一个灌浆孔灌浆，且不得中途停顿。

3. 质量控制措施

（1）灌浆前

灌浆前需要对结构伸出的连接钢筋的位置和长度进行检查，同时对仓体进行高压吹风，逐个检查各接头的灌浆孔和出浆孔内有无影响浆料流动的杂物，确保孔路畅通。

（2）灌浆过程中

灌浆施工过程中，建议在每块墙板端部等关键部位，应用钢筋套筒灌浆质量观测装置，避免灌浆不实的风险。

对套筒灌浆工艺进行监管具体措施有：1）旁站制，必须有主管技术人员在套筒灌浆时进行现场旁站监督、支持，发现问题及时纠正；2）留影像，必须对现场套筒灌浆操作时进行摄影并留存备案。

灌浆施工时，环境温度应符合灌浆料产品使用说明书要求；环境温度低于 5℃时不宜施工，低于 0℃时不得施工；当环境温度高于 30℃时，应采取降低灌浆料拌合物温度的措施。

（3）灌浆后

灌浆料凝固后，取下灌排浆孔封堵胶塞，检查孔内凝固的灌浆料上表面应高于排浆孔下缘 5mm 以上。

4. 施工工效分析

灌浆施工劳务班组一般由 4～5 人组成，一般情况下，1 人负责调配灌浆料，1 人负责灌浆，2 人堵孔，1 人录制影响资料。

经统计，每段预制墙体构件封仓施工时间约为 15min，灌浆施工时间约为 8min。

4.1.7 现浇段施工

为保证建筑工程的整体性，达到"整体现浇"的设计理念，装配式结构中存在较多现浇节点，本节将重点介绍现浇节点的模板支设和外墙防水节点构造施工。

1. 现浇节点模板支设

根据支设位置，现浇节点模板支设可以分为墙板现浇节点模板支设、叠合板现浇节点支设和楼梯现浇节点施工。

（1）墙板现浇节点模板形式

墙板现浇节点分为"一"字形现浇节点、"T"形现浇节点和"L"形现浇节点，如图 4-42 所示。

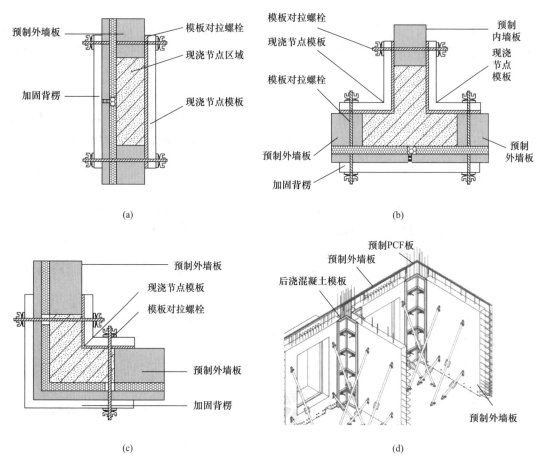

（a）

（b）

（c）

（d）

图 4-42　墙板现浇节点模板形式

（a）"一"字形现浇节点；（b）"T"形现浇节点；

（c）"L"形现浇节点；（d）整体现浇模板支设示意图

（2）叠合板现浇节点模板形式

根据架体支撑形式，叠合板现浇节点分为有架体支撑模板形式和吊模施工形式，如图 4-43 所示。

（3）楼梯现浇节点形式

楼梯现浇节点形式如图 4-44 所示。预制楼梯构件吊装就位后，要先进行楼梯固定铰端施工，再进行滑动铰端施工。

2. 外墙防水节点施工

（1）外墙防水节点构造

预制外墙板的防水构造分为水平缝防水构造节点和垂直缝防水构造节点，如图 4-45 所示。

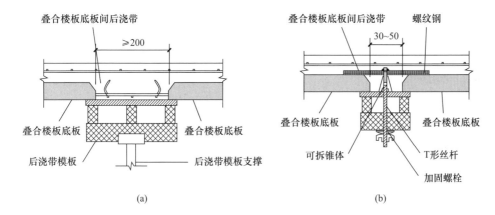

图 4-43　叠合板现浇节点模板形式

（a）有架体支撑模板形式；（b）吊模施工形式

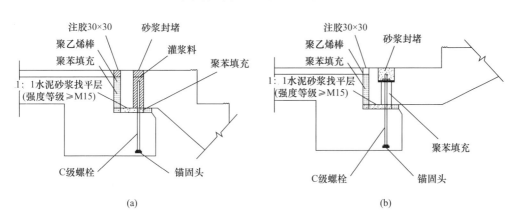

图 4-44　楼梯现浇节点形式

（a）固定铰端节点；（b）滑动铰端节点

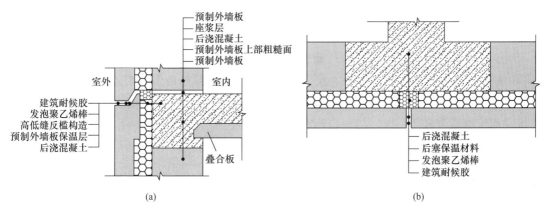

图 4-45　外墙防水节点构造

（a）水平缝防水构造节点；（b）垂直缝防水构造施工节点

（2）外墙防水节点施工注意事项

1）预制外墙板拼缝处防水材料需符合设计要求，具有产品合格证及检测报告，并进行进场复试。

2）拼缝处密封材料填充要饱满，无气泡，胶缝应横平竖直，宽窄均匀。

4.1.8 质量控制

1. 灌浆施工监督检查控制要求

灌浆腔拍摄照片留存，照片须包含灌浆料流动度（初始时、30min 后）、时间、温度、湿度、部位、单位重量灌浆料加水量、旁站人员、注浆人员、灌浆腔编号和有效封堵情况，需辅助小白板进行信息展示；

灌浆施工过程中要求吊装单位使用摄像机全程摄像，留存视频资料；

灌浆施工须有相关监督人员在场；

填写《灌浆作业施工质量检查记录表》并由总包方及监理方签字；

加强施工全过程的质量预控，密切配合建设单位、监理和总包三方人员的检查和验收，及时做好相关操作记录；

所有施工人员均须持有上岗许可证；

首次灌浆施工后由总包方、监理方和灌浆队伍认真对整个灌浆过程进行讨论，根据三方最终讨论结果适当修正灌浆过程中的操作细节。

2. 原材进场检验保证

机械加工套筒，套筒质量须符合现行行业标准《钢筋连接用灌浆套筒》JG/T 398 的要求。

选用的钢筋须符合现行国家标准《钢筋混凝土用钢 第 2 部分：热轧带肋钢筋》GB/T 1499.2 的要求，根据常规检验方式取样检验原材性能。

选定灌浆料须符合现行行业标准《钢筋连接用套筒灌浆料》JG/T 408 的要求。

3. 接头性能及现场灌浆检验保证

接头型式检验：依据现行行业标准《钢筋套筒灌浆连接应用技术规程》JGJ 355、《钢筋机械连接技术规程》JGJ 107。灌浆套筒厂家提供质量证明材料（含型式检验报告）。

接头工艺检验标准：依据现行行业标准《钢筋套筒灌浆连接应用技术规程》JGJ 355、《钢筋机械连接技术规程》JGJ 107。构件厂加工构件前分规格各做一组。

现场灌浆料抗压试块试验：灌浆料进场施工时，在施工现场根据现行行业标准《钢筋连接用灌浆套管》JG/T 398 及现行行业标准《钢筋连接用套筒灌浆料》JG/T 408 要求制作试块，标准养护 28d，以判定灌浆料抗压强度。

构件底部接缝坐浆强度检验：根据现行行业标准《钢筋连接用套筒灌浆料》《装配式混凝土结构技术规程》JGJ 1 相关要求制作施工，标准养护 28d，以判定接缝坐浆抗压强度。

4. 灌浆饱满度控制措施

灌浆施工应保证灌浆饱满度，所有出浆孔应出浆（出浆形状应为圆柱形）。灌浆过程中及灌浆施工后应在灌浆孔、出浆孔及时检查，其上表面未达到规定位置或灌浆料拌合物灌入量小于规定要求，即可确定为灌浆不饱满。

当灌浆不饱满时应采取的措施：

（1）对未密实饱满的竖向连接灌浆套筒，当在灌浆料加水拌合 30min 内时（拌合时间和流动性双控），首选在灌浆孔补灌；当在 30min 外，灌浆料拌合物无法流动时，可从出浆孔补灌，此时应采用手动设备压力灌浆，并采用比出浆孔小的细管灌浆，以保证排气；当灌浆料拌合物未凝固且具备条件时，宜将构件吊起后冲洗灌浆套筒、连接面与连接钢筋，并重新安装、吊装；

（2）水平钢筋连接灌浆施工停止后 30s，当发现灌浆拌合物下降时，应检查灌浆套筒的密封或灌浆料拌合物排气情况，并及时补灌或重灌；

（3）补灌应在灌浆料拌合物达到设计规定的位置后停止，并应在灌浆料凝固后再次检查其位置符合设计要求；

（4）补灌或重灌应留存施工记录及影像资料。

4.2 装配式钢结构的施工技术

4.2.1 施工方案

1. 钢结构制作加工

主体结构主要构件为焊接 H 型钢。钢结构制作流程如图 4-46 所示。

（1）根据钢结构特点和运输及吊装要求，以优先考虑运输和吊装为主。力求使钢结构段（节）尽可能大，以减少钢结构安装现场接头数量；

（2）利用结构的相似性，设计专用工装胎具和工位，采用专业化流水作业方式进行生产，控制钢结构制作精度，满足设计要求；

（3）确保制造工艺的质量精度，全部构件采用计算机立体建模，计算机放样生成零件下料图，零件下料时留出恰当的焊接收缩补偿量。板材、型材均采用精密切割方法，以提高切割精度、减少变形，确保装配质量满足焊接要求，保证制造质量；

（4）采用埋弧焊、CO_2 气体保护焊等先进、高效焊接方法，配备优良设备和优秀焊接技术人员，提高生产效率和焊接质量，确保工期。

2. 钢结构运输

考虑在钢结构厂加工的钢结构构件特征，以公路运输为主，按照拼装现场急需的构件、配件、工机具等进行配套运输，对于超长、超宽、超高和超重的构件采用专用运输工具运至现场（图 4-47）。

3. 钢结构安装流程

钢结构安装流程如图 4-48 所示。

（1）在各种钢构件吊装前，对所吊装的钢构件的编号、型号、尺寸、外观、是否有变形等情况进行检查，当确定钢构件符合设计和规范要求时，再进行现场拼装及吊装。

（2）吊装程序。测量柱脚位置、标高、清理柱脚、吊装钢柱、安装钢梁、安装支撑、初校、安装其他结构。

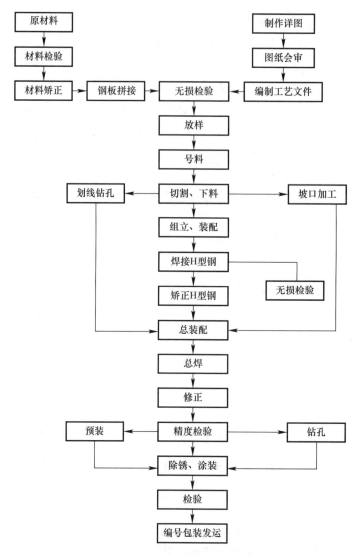

图 4-46 钢结构制作流程图

图 4-47 钢结构运输示意

（a）钢柱（裸装）；（b）钢梁，捆装，钢带绑扎，梁与梁采用垫木隔开；

（c）连接板、高强螺栓等零部件，装箱

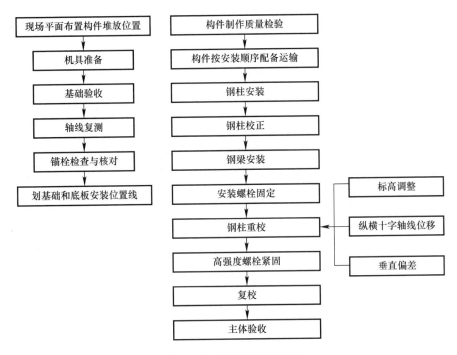

图 4-48　钢结构安装流程

为了确保安装地脚锚栓的准确性增设模具板，模具板规格同钢柱柱底板，板厚度为 10mm，如图 4-49、图 4-50 所示。

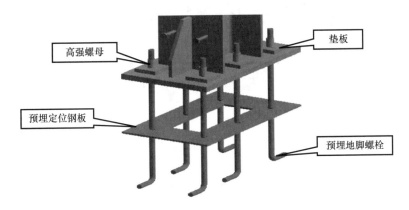

图 4-49　地脚螺栓预埋

（3）安装高强度螺栓时，构件的摩擦面应保持干燥，不得在雨中作业。

（4）高强度螺栓必须分两次（初拧和终拧）进行紧固，当天安装的螺栓应在当天终拧完毕，其外露丝扣不得少于 2 扣，如图 4-51 所示。

（5）构件起吊采用汽车吊或塔吊进行吊装，吊机的负荷不应超过该机允许负荷的 80%，以免负荷过大而造成事故。在起吊时必须对吊机和人员统一指挥，使人机动作协调，互相配合。在整个吊装过程中，吊机的吊钩、滑车组都应基本保持垂直状态。吊装过程如图 4-52～图 4-58 所示。

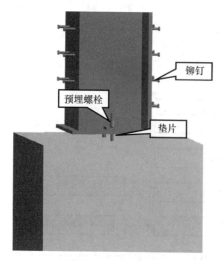

图 4-50　柱底安装

图 4-51　初拧和终拧

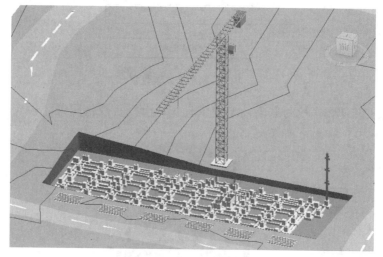

图 4-52　吊装过程展示 1

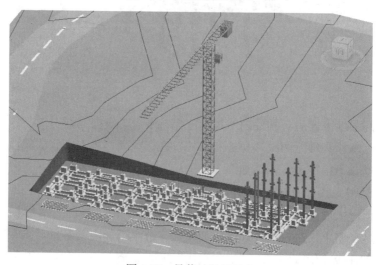

图 4-53　吊装过程展示 2

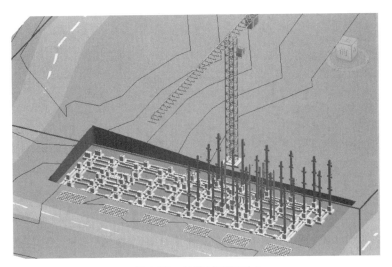

图 4-54　吊装过程展示 3

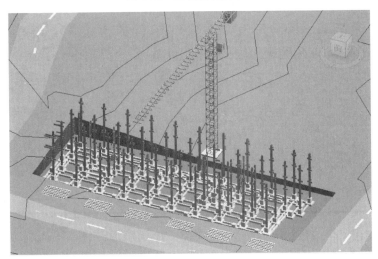

图 4-55　吊装过程展示 4

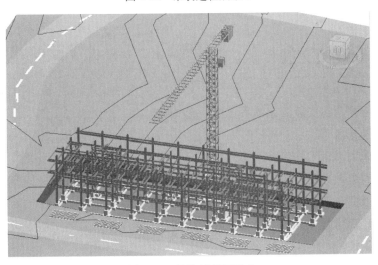

图 4-56　吊装过程展示 5

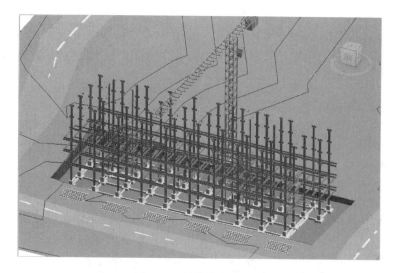

图 4-57　吊装过程展示 6

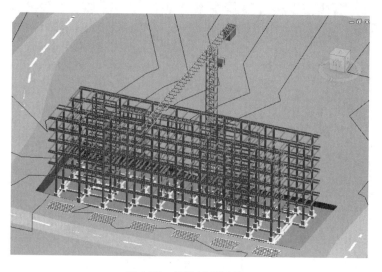

图 4-58　吊装过程展示 7

4.2.2　钢筋混凝土叠合板施工

1. 工艺流程

钢筋混凝土叠合板安装工艺流程如图 4-59 所示。

2. 操作要点

（1）安装准备

安装地点周边做好安全防护预案，防护网架安装固定，遮挡良好；现场安装人员进行了专门的吊装培训，掌握吊装要领；现场安装前将测量仪器进行检定；专用支撑架、小型器具准备齐全；现场起重机械的起重量、旋转半径符合要求，运行平稳。

（2）测量放线

1）测量放线是装配整体式混凝土施工中要求最为精确的一道工序，对确定预制构件安装位置起着重要作用，也是后序工作位置准确的保证。预制构件安装放线遵循先整体后局部的程序。

2）楼层标高控制点用水准仪从现场水准点引入。

3）待钢柱安装后，使用水准仪利用楼层标高控制点，在钢柱放出 50 控制线，以此作为预制叠合板和现浇板标高控制线。

4）在混凝土浇捣前，使用水准仪、标尺放出上层楼板结构标高，在钢柱上相应水平位置缠好白胶带，以白胶带下边线为准。在白胶带下边线位置系上细线，形成控制线，控制住楼板、梁混凝土施工标高。

5）上层标高控制线，用水准仪和标尺由下层 50 控制线引用至上层。

6）构件安装测量允许偏差：平台面的抄平±1mm；预装过程中抄平±2mm。

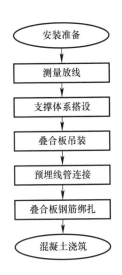

图 4-59　钢筋混凝土叠合板安装工艺流程图

（3）叠合板构件安装

1）支设预制板下钢支撑

按设计位置支设应用支撑专用三角架安装支撑，每块预制板支撑为 2 个以上。安放其上龙骨，龙骨顶标高为叠合板下标高。

2）预制叠合板构件安装

操作人员站在楼梯间的缓台板搭设的马凳上，手扶叠合板预制构件摆正位置后用遛绳控制预制板高空位置；受锁具及吊点影响，板的各边不是同时下落，对位时需要三人对正：两个人分别在长边扶正，一个人在短边用撬棍顶住板，将角对准柱角（三点共面）、短边对准钢梁下落；将构件用撬棍校正，各边预制构件均落在钢梁上，预制构件预留钢筋落于支座处后下落，完成预制构件的初步安装就位；预制构件安装初步就位后，应用支撑专用三角架上的微调器及可调节支撑对构件进行三向微调，确保预制构件调整后标高一致、板缝间隙一致。根据钢柱上 500mm 控制线校核板顶标高；叠合板安装完成后，在进入钢梁处抹水泥砂浆控制叠合板上层现浇混凝土施工时漏浆到下部。

3）预制叠合板上现浇板内线管铺设

预制叠合板构件安装完毕后，在板上按设计图纸铺设线管，并用铁丝及钢钉将线管固定，线管接头处应用一段长 40cm 的套管（内径≥铺设线管外径）将接头双向插入，并用胶带将其固定。将预制板中预埋线盒对应孔洞打开，然后按图纸把线管插入，上面用砂浆用线盒四周封堵，防止浇捣混凝土时把线盒封死。最后将各种管线连至相应管道井；各种预埋功能管线必须接口封密。

4.2.3　预制楼梯施工

1. 安装工艺流程
预制楼梯安装工艺流程如图 4-60 所示。

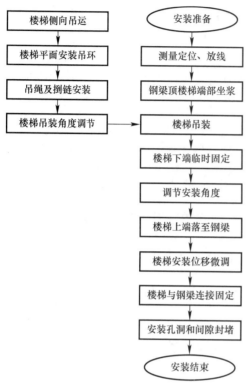

图 4-60　预制楼梯安装工艺流程图

2. 操作要点

（1）预制楼梯吊装

1）测量放线及坐浆

将轴线引至楼梯间周边梁板部位并放出预制楼梯端部投影线，测量并弹出相应预制楼梯端部和侧边的控制线。预制楼梯吊装前根据水平控制线支垫小块钢板，并在支撑钢梁上预制楼梯安装部位采用水泥砂浆进行找平坐浆，砂浆强度等级不小于 M15，支垫钢板抄平标高后方可进行吊装；坐浆完成后根据楼层建筑 1m 线进行楼梯端部安装标高复核。

2）预制楼梯侧向吊运

预制楼梯吊装之前，需将预制楼梯吊运至操作场地进行吊绳及捯链安装；吊运前先在操作场地铺设垫木，再将吊绳上的卸扣与预制楼梯侧向吊钩连接固定，采用两点绑扎法吊运预制楼梯至操作场地，预制楼梯另一侧先落至垫木上，然后，以此为支点，缓缓下放吊钩并将预制楼梯平放在垫木上，如图 4-61 所示。

图 4-61　预制楼梯支撑钢梁坐浆

3）吊环及捯链安装

预制楼梯平面上预留了四个螺栓孔，依次将螺栓式吊环拧入螺栓孔并紧固，预制楼梯水平面四个吊点由此布设完毕。预制楼梯上端踏步两个吊环分别采用钢丝吊绳固定，下端两个吊环则分别采用捯链连接。将两根吊绳和两条捯链的另一端都吊挂在塔吊吊钩上，起钩并准备吊装，如图 4-62 所示。

（2）预制楼梯安装姿态调整

1）吊装角度调节

因楼梯最终安装角度为 30°，而楼梯井道净长接近楼梯长度，安装操作空间极为狭窄；

楼梯若按安装角度状态放置则无法完成吊装，因而楼梯吊装前需调节捯链并将楼梯吊装角度调节至 60°左右，这样就可以大大减小预制楼梯进入楼梯井的宽度，留出适当的安装操作空间，然后通过塔吊将预制楼梯缓慢下落至钢梁上放线位置。

图 4-62　螺栓吊环拧入螺栓孔、吊绳和捯链安装

2）安装角度调节

当楼梯下端吊至钢梁上方 30～50cm 后，调整楼梯位置使钢梁翼缘板上螺栓孔洞与楼梯销键预留洞对正，调整楼梯边与边线吻合，然后调节捯链，使得楼梯吊装角度从 60°调回至最终的安装角度 30°，以便预制楼梯的安装就位，如图 4-63 所示。

图 4-63　吊装角度调节至 60°吊装、调回至 30°安装

（3）预制楼梯安装就位

1）楼梯下端与钢梁临时固定

当预制楼梯下端销键预留洞与支撑钢梁翼缘板上螺栓孔洞对正后，采用钢筋插销临时固定，并调整楼梯边与边线吻合。然后以楼梯下端为固定铰支座，调节捯链，使得楼梯上端销键预留洞与支撑钢梁翼缘板上螺栓孔洞对正，缓慢下放楼梯直至落在钢梁上。

2）预制楼梯安装就位

预制楼梯全部落至钢梁上后，检查其是否与端部和侧边的控制线对齐；若有偏离，则采用撬棍并人工辅助对楼梯进行位移微调（图 4-64），楼梯上下端销键预留洞与钢梁翼缘板上螺栓孔洞位置完全对正后拔出钢筋插销。

图 4-64　预制楼梯下端临时固定、安装位移微调

（4）预制楼梯与钢梁连接固定

预制楼梯整体固定方式由滑动铰端（下端）和固定铰端（上端）组合而成，两者施工工艺有所不同。

1）预制楼梯销键预留洞固定

预制楼梯就位前，采用带头螺栓朝上插入钢梁上的螺栓孔洞，并采用螺母拧紧，螺母外周圈与钢梁围焊，螺母由此支顶起预制楼梯。当预制楼梯与钢梁对正后，预制楼梯上端固定铰端的两个销键预留洞灌注高强度等级的 CGM 灌浆料，上口采用砂浆封堵，砂浆应与楼梯踏步面抹平，并平整、密实。预制楼梯下端滑动铰端的两个销键预留孔洞距踏步面一定深度放置厚钢垫片，并用螺母拧紧，螺母内周圈钢垫片围焊，钢垫片以下为空腔，钢垫片以上砂浆封堵，砂浆应与楼梯踏步面抹平，并平整、密实，如图 4-65 所示。

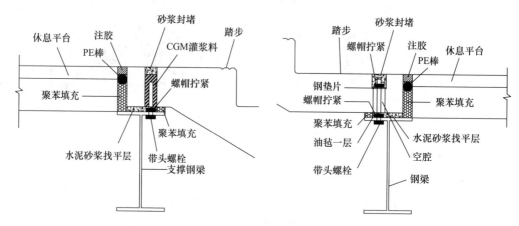

图 4-65　楼梯上端固定铰端、楼梯下端滑动铰端做法

2）预制楼梯安装间隙封堵

预制楼梯与钢梁的水平间隙除坐浆密实外，多余的空隙采用聚苯填充；预制楼梯与钢梁、休息平台的竖向间隙从下至上依次为聚苯填充、塞入 PE 棒和注胶，注胶面与踏步面、

休息平台齐平。

4.2.4 质量控制

1. 钢结构制作及加工控制要点

（1）材料入库

材料进厂后审核该材料质量证明书，各项指标符合国家标准后方可入库，合格后做出标记，不合格材料应及时放在指定位置等待处理。选用的焊材要具有制造厂的质量证明书，严格按照标准要求（或技术要求）进行检验或复验，保证采用合格优质的焊材。

材料入库后进行复验，合格后画"△"标记，表明是专用材料。按工艺要求对板材进行预处理，以使表面无锈蚀现象，无油渍、污垢。经过对钢材的预处理可以发现钢材的表面损伤，以及为下一步号料、切割做好准备工作。

（2）型钢制作

1）H型钢的焊接

H型钢待焊区应清除油污、铁锈后方可施焊，对有烘干要求的焊材，必须按说明书要求进行烘干。经烘干的焊材放入保温箱内，随用随取。

对接接头、T形接头、角接头焊缝两端设引弧板，确认其材质与坡口形式是否与焊件相同，焊后应切割掉引弧板，并修整磨平。

除注明角焊缝缺陷外，其余均为对接、角接焊缝通用；咬边如经磨削修整并平滑过渡，则只按焊缝最小允许厚度评定；设计要求二级以上的焊缝检查合格后，应打焊工责任标记。

H型钢组装前要检查各件尺寸、形状及收缩加放情况，合格后用砂轮清理焊缝区域，清理范围为焊缝宽的4倍。在翼板上画出腹板位置线后，按线组装，要求组装精度为腹板中心线偏移小于2mm，翼缘板与腹板不垂直度小于3mm，定位点焊。H型钢组装合格后，用门型埋弧自动焊机采取对称焊接H型钢，焊前要将构件垫平，防止热变形。按焊接工艺规范施焊（焊丝直径为Φ3～5mm）。

门式埋弧自动焊机焊接H型钢。焊接H型钢流程如图4-66所示。

2）H型钢变形矫正

焊完后H型钢在矫正机上矫正（图4-67），保证翼缘板与腹板不垂度小于3mm，腹板不平度小于2mm，检测要用直角尺与塞尺。

弯曲成型的零件应采用弧形样板检查。当零件弦长小于或等于1500mm时，样板弦不应小于零件弦长的2/3；零件弦长大于1500mm时，样板弦长不应小于150mm。成型部位与样板的间隙不得大于2mm。

火焰矫正：对T型、H型钢的弯曲变形进行矫正，火焰矫正温度为750～900℃，低合金钢（如Q345）矫正后，不得用水激冷，采用自然冷却法冷却。

矫正后的钢材表面，不应有明显损伤，划痕深度不大于0.5mm；钢材矫正后允许偏差应符合表4-8的规定。

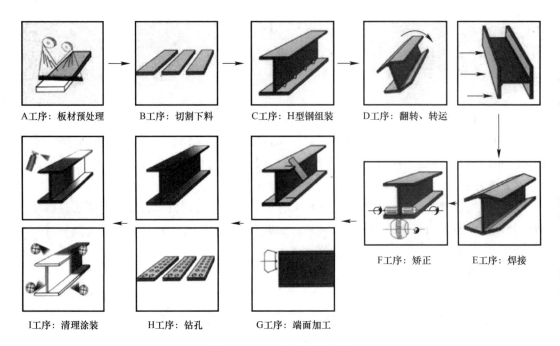

A工序：板材预处理　B工序：切割下料　C工序：H型钢组装　D工序：翻转、转运

F工序：矫正　　E工序：焊接

I工序：清理涂装　H工序：钻孔　G工序：端面加工

图 4-66　H 型钢焊接流程图

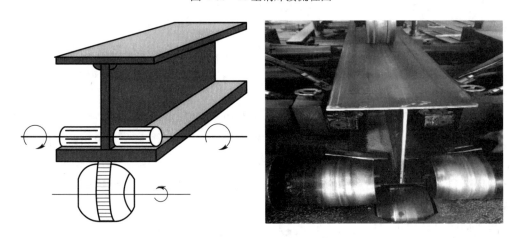

图 4-67　H 型钢矫正机

钢材矫正后的允许偏差　　　　　　　　　　表 4-8

项目		允许偏差（mm）
钢板的局部平面度	$T \leqslant 14$	2.0
	$T > 14$	1.5
型钢弯曲矢高		1/1000 5.0
工字钢、H 型钢翼缘对腹板的垂直度		B/100 2.0

3）接 H 型钢工序

① 钢板划线：下料前划出切割线和检查线，检查线距切割线 50mm。

② 钢板下料：多头直条数控切割机下料，切割面应无裂纹、崩坑、夹渣和分层。下料后检查宽度偏差，应在±0.5mm 以内。

③ 割渣清理：对下料后的钢板进行铲磨割渣。

④ 组立：在组立机上对钢梁进行组立。定位焊长度为 10～15mm，间距 200～300mm，焊角尺寸 3～4mm。组装间隙为 0～1mm。定位焊不得有裂纹、夹渣、焊瘤、焊偏、咬边、弧坑未填满等缺陷。对于开裂的定位焊缝，必须先清除开裂的焊缝，并在保证构件尺寸正确的条件下补充定位焊。定位焊禁止在非焊接部位引弧。翼板与腹板的垂直度允许偏差为翼板宽度的 1/100，且不得大于 1.5mm。腹板的中心线位移允许偏差为 2.0mm。组立时腹板与翼板对接焊缝相距不得小于 200mm。

组装前检查焊缝缝隙周围铁锈、污垢清理情况，组装后应检查组装形状尺寸，允许偏差应符合表 4-9 的规定，检查合格后方可施焊。

组装的允许偏差　　　　　　　　　　　　　　　　　　表 4-9

项目	允许偏差（mm）
对口错边 △	$t/10$ 且不大于 3.0
间隙	±1.0
高度（$h<500$，$500{\leqslant}h{\leqslant}1000$，$h>1000$）	±2.0
垂直度 △	$B/100$ 且不大于 2.0
中心偏移 e	1/1000 2.0
箱形截面高度 h	±3.0
宽度 e	±3.0
垂直度 △	$B/200$ 且不大于 3.0

注：t—翼缘厚度，mm；B—宽度，mm。

在组立机上组立 H 型钢，组立前，板边毛刺、割渣必须清理干净，火焰坡口的还必须打磨坡口表面。点焊时，必须保证间隙小于 1mm，大于 1mm 时必须用手工焊焊补。腹板厚 $t<12$mm 时，用 $\Phi3.2$ 焊条点固，腹板厚 $t{\geqslant}12$mm 时，用 $\Phi4$ 焊条点固。焊点应牢固，一般点焊缝长 20～30mm，间隔 200～300mm，焊点不宜太高，以利埋弧焊接。清除所有点固焊渣。

焊接前首先确认材料及焊材是否进行了工艺评定，并应有工艺评定报告及焊接工艺；焊工是否持有相应焊工资格合格证，持证者是否在证件有效期内操作。

焊材应清除油污、铁锈后方可施焊，对有烘干要求的焊材，必须按说明书要求进行烘干。经烘干的焊材放入保温箱内，随用随取。

角接头焊缝两端设引弧板和引出板，确认其材质与坡口形式是否与焊件相同，焊后应切割掉引弧板，并修整磨平。

焊接时应严格遵守焊接工艺。

焊缝外观质量应符合表 4-10 的规定。

焊缝质量等级及缺陷分级 表 4-10

焊缝质量等级		一级	二级	三级
内部缺陷超声波探伤	评定等级	I	II	—
	检验等级	B 级	B 级	—
	探伤比例	100%	20%	—
外观尺寸	未焊满（指不足设计要求）	不允许	≤0.2+0.02t 且小于等于 1.0mm	≤0.2+0.04t 且小于等于 2.0mm
			每 100.0mm 焊缝内缺陷总长小于等于 25.0mm	
	根部收缩	不允许	≤0.2+0.02t 且小于等于 1.0mm	≤0.2+0.04t 且小于等于 2.0mm
			长度不限	
	咬边	不允许	≤0.05t 且小于等于 0.5mm；连续长度小于等于 100.0mm，且焊缝两侧咬边总长小于等于 10% 焊缝全长	≤0.1t 且小于等于 1.0mm，长度不限
	裂纹		不允许	
	弧坑裂纹	不允许	允许存在个别长小于等于 5.0 的弧坑裂纹	
	电弧擦伤	不允许	允许存在个别电弧擦伤	
	飞溅		清除干净	
外观缺陷	接头不良	不允许	缺口深度小于等于 0.05t 且小于等于 0.5mm	缺口小于等于 0.1t 且小于等于 1.0mm
			每米焊缝不得超过去 1m	
	焊瘤		不允许	
	表面夹渣	不允许	深≤0.2t，长≤0.5t，且小于等于 2.0mm	
	表面气孔	不允许	每 50.0mm 长度焊缝内允许直径小于等于 0.4t，且小于等于 3.0mm 气孔 2 个，孔距大于等于 6 倍孔径	
	角焊缝厚度宽（按设计焊缝厚度计）		允许存在个别长小于等于 5.0mm 的弧坑裂纹	
	角焊缝脚不对称		差值≤2+0.2h	

注：超声波探伤用于全熔透焊缝，其探伤比例按每条焊缝长度的百分数计，且不小于 200mm；除注明角焊缝缺陷外，其余均为对接、角接焊缝通用；咬边如经磨削修整并平滑过渡，则只按焊缝最小允许厚度评定。

t—翼缘厚度 mm。

⑤ 无损检测：

焊接照图样、工艺及要求进行无损检测，无损检测方法按现行国家标准《焊缝无损检测 超声检测 技术、检测等级和评定》GB/T 11345 执行。

局部探伤的焊缝存在超标缺陷时，应在探伤外延伸部位增加探伤长度，增加的长度不应小于该焊缝长度的 10%，且不应小于 200mm；当仍有不允许缺陷时，应对该焊缝百分之百探伤检查。

按照图样检验工艺及相关标准要求，对钢构件进行总体尺寸检查，并填写检验记录单。允许偏差如表 4-11、表 4-12 所示。

钢柱外形尺寸的允许偏差 表 4-11

项目	允许偏差（mm）
柱底面到柱端与桁架连接的最上一个安装孔距离 l	±1/1500 ±15.0

续表

项目		允许偏差（mm）
柱底面到牛腿支承面距离 l_1		$\pm 1/2000$ ± 8.0
受力支托表面到第一个安装孔距离 a		± 1.0
牛腿面的翘曲 Δ		2.0
柱身弯曲矢高		$H/1000$ 12.0
柱身扭曲	牛腿处	3.0
	其他处	8.0
柱截面几何尺寸	连接处	± 3.0
	其他处	± 4.0
翼缘板对腹板的垂直度	连接处	1.5
	其他处	$B/100$ 5.0
柱脚底板平面度		5.0
柱脚螺栓孔中心对柱轴线的距离		3.0

注：H—高度，mm；B—宽度，mm。

焊接实腹钢梁外形尺寸的允许偏差　　　　表 4-12

项目		允许偏差（mm）
梁长度 l	端部有凸缘支座板	0 -5.0
	其他形式	$\pm L/2500$ ± 10.0
端部高度 h	$H \leqslant 2000$	± 2.0
	$H > 2000$	± 3.0
两端最外侧安装孔距离		± 3.0
拱度	设计要求起拱	$\pm L/5000$
	设计未要求起拱	10.0 -5.0
侧弯矢高		$L/2000$ 10.0
扭曲		$H/250$ 10.0
腹板局部平面度	$t \leqslant 14$	5.0
	$t > 14$	4.0
翼缘板对腹板的垂直度		$B/100$ 3.0
吊车梁上翼缘板与轨道接触面平面度		1.0
箱形截面对角线差		5.0
两腹板至翼缘板中心线距离 a	连接处	1.0
	其他处	1.5

注：L—长度，mm；H—高度，mm；t—翼缘厚度，mm；B—宽度，mm。

（3）热轧 H 型钢

1）下料：用半自动火焰切割机对热轧 H 型钢进行下料，下料偏差：±1.0mm。

2）打磨清理：对下料割渣进行清理。

3）调直：对热轧型钢进行一次调直，直线度要求：0.5mm/m。

4）组对：在工装平台上对 H 型钢进行组对，包括加劲板、连接板等。

5）焊接：组对完成后并经专检检查验收后进行焊接。①对接焊缝待焊区清理：焊前对待焊区域进行清理，不得有油污、锈迹、氧化皮、定位焊药皮等。②在工装平台上对钢梁焊缝进行焊接，焊接方法为二氧化碳气体保护焊。

6）清渣修磨：对焊接飞溅进行清理。

7）二次调直：对钢梁进行二次调直。直线度要求：0.5mm/m。

8）划钻孔线：按照图纸尺寸划出钢梁中心线及样板基准线，划线偏差要求：±0.5mm。利用样板将孔群位置定位。

9）钻孔：用钻床进行钻孔。孔距偏差要求：±0.5mm。

10）清除毛刺：将钻孔毛刺清除干净。

（4）钢梁喷砂

除锈等级要求达到现行国家标准《涂覆涂料前钢材表面处理　表面清洁度的目视评定》GB/T 8923 中的 Sa2 等级，具体要求为钢材表面无可见的油脂和污垢，并且氧化皮、铁锈和油漆涂层等附着物已基本清除，其残留物应是牢固附着的。

（5）组装 H 型钢与节点板、连接板

1）节点板、连接板的组装要保证基准线与梁中心对齐，其误差小于 0.5mm。

2）梁、柱焊缝采用 CO_2 气体保护焊，焊丝直径为 $\phi1.2mm$，焊后用氧乙炔火焰矫正（如扭曲、侧弯等）焊接变形，然后按检验记录单要求检验各项指标，直至符合标准。

3）制孔：将 H 型钢按图纸要求，将孔径、孔位、相互间距等数据输入电脑，对 H 型钢进行自动定位、自动二维钻孔。

4）针对梁中有连接板，开孔补强或起拱的梁两端孔距离适应放长 1～3mm。

5）锯断：入断面锯，将三维钻上定位的梁两端多余量锯割掉。

6）清磨：对钻孔毛刺、锯断毛刺等进行清磨。

（6）钢梁加劲板、连接板等装配

梁转入装配平台对梁中有次梁连接板、加劲板或开孔、开孔补强的进行装配作业。

装配完毕在梁上翼缘端部打上编号钢印后转入焊接工序。连接板等装配件的焊接：将构件四面反身使焊缝处于平角焊状态下进行 CO_2 气体保护焊。同时注意检查焊缝的成型、焊接高度、焊缝的转角封口。清除所有的飞溅、焊疤、毛刺，同时对部件焊接造成的变形进行校正。

1）对有顶紧要求的部位装配时应保证间隙处于顶紧状态，顶紧状态的检查方法为采用塞尺检测 75% 的部位小于 0.3mm，最大不得超过 0.8mm。

以上工作全部完成后进行制作的最后检查后转入预拼装或除锈工序。

2）预拼装

工厂预拼装的目的是在出厂前将已制作完成的各构件进行相关组合，对设计、加工以及适用标准的规模性验证。

该工程的桁架组合构件，受运输的限制需分段、分节，所以需在工厂进行预拼装后运输。

预拼装比例：带有悬臂梁的柱与支撑、桁架组合的构件 100% 进行平面预拼装。

预拼装平台：预拼装在坚实、平稳的胎架上进行。其支撑点水平度：

$A \leqslant 3000 \sim 5000mm$ $2 < 允许偏差 \leqslant 2mm$；

$A \leqslant 5000 \sim 10000mm$ $2 < 允许偏差 \leqslant 3mm$。

① 预拼装中所有构件按施工图控制尺寸，在胎架上进行 1：1 放样。

② 预拼装构件控制基准、中心线明确标示，并与平台基线和地面基线相对一致。控制基准应与设计要求一致，如需变换预拼装基准位置，应得到工艺设计的认可。

③ 所有需进行预拼装的构件必须制作完毕经专业检验员验收并符合质量标准的单构件。相同单构件互换而不影响几何尺寸。

④ 在胎架上预拼全过程中，不得对结构件动用火焰或机械等方式进行修正、切割或使用重物压载、冲撞、锤击。如需进行校正，则须将构件吊离拼装台，校正后重新进行预拼装。

3）预拼装的工艺要求

① 主控项目（按预拼装单元全数检查）

高强度螺栓和普通螺栓连接的多层板叠，采用试孔器进行检查，并符合下列规定：

当采用比孔公称直径小 1.0mm 的试孔器检查时，每组孔的通过率不应小于 85%；

当采用比螺栓公称直径大 0.3mm 的试孔器检查时，每组孔的通过率为 100%

② 一般项目预拼装的允许偏差如表 4-13 所示（按预拼装单元全数检查）。

一般项目预拼装允许偏差   表 4-13

项目	允许偏差	项目	允许偏差
预拼装单元总长	±4.0mm	各楼层柱间距	±3.0mm
预拼装单元弯曲矢高	$L/1500$，且小于 9mm	相邻楼层梁与梁之间距离	—
接口错边	2.0mm	各层间框架两对角线之差	$H/2000$，且小于 5.0mm
预拼装单元柱身扭曲	$h/200$，且小于 5.0mm		
顶紧面至任一牛腿距离	±2.0mm	任意两对角线之差	$\Sigma H/2000$，且小于 5.0mm

注：L—长度，mm；H—楼层高度，mm；h—总高度，mm。

4）构件预拼装质量控制要点

钢构件预拼装地面应坚实，胎架强度、刚度必须经设计计算而定，各支撑点的水平精度用水准仪逐点测定调整；根据构件的类型及板厚，选定承重足够的预拼装用钢平台，支垫应找平。

钢构件在胎架上预拼装过程中，各杆件中心线应交汇于节点中心，并应完全处于自由状态，不得使用外力强行拼装。预拼装钢构件控制基准线与胎架基线必须保持一致。

高强度螺栓连接预拼装时，使用冲钉直径必须与孔径一致，每个节点要多于 3 只，临时普通螺栓数量一般为螺栓孔的 1/3。对孔径检测，试孔器必须垂直自由穿落。支撑杆件、钢柱和梁必须按标准验收后进入预拼装。

5）构件预拼装流程

按构件轴线分布及标高确定预拼装顺序，所对应的柱轴线位置实际尺寸放大样，复核尺寸确认无误后装配定位、限位块。

构件按所在轴线位置及方位水平就位，调整位置尺寸（要求柱顶、底前后水平）用水准仪测量并调整柱身前后平行度，以柱顶铣削平面为基准，按钢柱截面中心线测量柱身的位置尺寸，用对角线法测量柱身偏移，进行水平调整。

钢柱附带耳板支撑呈偏心状态，须加临时支托稳固后，各相关尺寸符合要求，再进行钢柱支撑耳板节点与支撑杆件预装配，用螺栓连接固定（规格与孔径同，不留间隙），每个节点 3 只，临时普通螺栓数量一般为螺栓孔的 1/3。对孔径检测，试孔器必须垂直自由穿落。试装调整合格后，支撑杆件另一端连接板件按实际孔位定位（划线打样冲）制孔，打上梁、柱或支撑的钢印号。

拆掉所有方向水平外力，进入自由状态，再进行拼装，复核各相关位置尺寸、过孔情况，自检、专检合格后，报监理终检。合格后拆除，并对构件进行涂装。

（7）构件除锈及涂装

1）钢结构除锈

所有钢构件均采用喷砂除锈，喷砂除锈：焊接成型后的构件必须进行除锈处理，使表面无锈蚀现象，无油渍、污垢。除锈等级可达到 Sa2 级。

涂漆及标记，按类别分别包装，并粘贴合格证。应符合现行国家标准《涂覆涂料前钢材表面处理　表面清洁度的目视评定》GB/T 8923 的规定。喷砂合格后的构件应及时涂装，防止再生锈。钢构件的锐边应作磨圆处理。

2）钢结构的涂装

油漆的调制和喷涂应按使用说明书进行，工厂涂装主要以喷涂法为主。（柱端铣削面四边应磨去棱角）底漆和中间漆在工厂完成。喷涂时的施工要求：环境湿度不应大于85%；对首批构件的喷涂测定工艺数值后在后续施工中参照，并进行 10% 比例的抽查，以保证涂装质量。在每道漆的喷涂中均应对喷丸除锈和前道漆的干燥和成型情况进行检查，具备合格条件后才进行后道涂装。楼板梁上平面不得涂装（装焊栓钉），构件编号钢印处不得涂装。高强螺栓连接摩擦面不得涂装（纸质封闭保护）。现场焊接部位及两侧 100mm（且要满足超声波探伤要求的范围），应进行不影响焊接的防锈处理。涂层应根据设计规定采用防火措施，予以配套。涂装后，应对涂装质量及漆膜厚度进行检查和验收，不合格的地方应返工。

3）钢柱涂装工序

涂装前将钢柱表面的浮尘及污物清扫干净。

对图纸上要求的不涂漆部位进行保护，如高强螺栓摩擦面及±0.000 标高以下，工地焊接部位及两侧 100mm 涂环氧富锌底漆。

经除锈后的钢构件表面检查合格后，应在 4h 内将防锈底漆涂装完毕。

目测涂装表面质量应均匀、细致，无明显色差、流挂、失光、起皱、针孔、气孔、返锈、裂纹、脱落、脏物粘附、漏涂等。

成品摆放或吊装时应注意保护，不得随意叠放，避免划伤油漆。不得漏涂，成品入库前进行检查。涂装时每道漆的干燥时间应为 24h 以上。

4）钢梁涂装工序

具体做法同钢柱涂装工序。

5）涂料的质量控制

① 表面预处理及防腐蚀

预处理前，对构件表面进行整修，并将金属表面铁锈、氧化皮、焊渣、灰尘、水分等清除干净。

表面预处理采用抛丸除锈，使用表面清洁干净的磨料。

构件表面除锈等级符合《涂覆涂料前钢材表面处理　表面清洁度的目视评定》GB/T 8923 中规定的 Sa2 级。

② 表面涂装

除锈后，钢材表面尽快涂装底漆。如在潮湿天气时在 4h 内涂装完毕；在较好的天气条件下，最长也不超过 4.5h 即开始涂装。

使用涂装的涂料遵守图纸规定，涂装层数、每层厚度、逐层涂装间隔时间、涂料配制方法和涂装注意事项，严格按设计文件或涂料生产厂家的说明书执行。

最后一遍面漆视工程情况安装结束后进行。

在下述现场和环境下不进行涂装：空气相对湿度超过 85%；施工现场环境温度低于 0℃；钢材表面温度未高于大气露点 3℃以上。

（8）出厂检查

构件完成后，由专职质检员进行出厂前全面检查，合格后，粘贴构件出厂合格证，合格证上注明构件标号、生产日期、质检员签字。

2. 钢结构运输控制要点

在满足安全、经济、便于安装的前提下，在制造过程中对所有设备构件进行合理划分，按规定进行包装、标识，满足运输的需要，确保设备各部件安全运至交货地点。

（1）运输前的准备工作

场外运输要先进行路线勘测，合理选择运输路线，并针对沿途具体运输障碍制定措施。对承运单位的技术力量和车辆、机具进行审验，并报请交通主管部门批准，必要时要组织模拟运输。在吊装作业前，应由技术人员进行吊装和卸货的技术交底。其中指挥人员、司索人员（起重工）和起重机械操作人员，必须经过专业学习并接受安全技术培训，取得《特种作业人员安全操作证》。所使用的起重机械和起重机具都应是完好的。

（2）运输的安全管理

1）为确保行车安全，在超限运输过程中对超限运输车辆、构件设置警示标志，进行运输前的安全技术交底。在遇有高空架线等运输障碍时须派专人排除。在运输中，每行驶一段路程（50km 左右）要停车检查货物的稳定和紧固情况，如发现移位、捆扎和防滑垫块松动时，要及时处理。

2）在运输构件时，根据构件规格、重量选用运输工具，确保货物的运输安全。

3）封车加固的铁丝、钢丝绳必须保证完好，严禁用已损坏的铁丝、钢丝绳进行捆扎。

4）构件装车加固时，用铁丝或钢丝绳拉牢紧固，形式应为八字形、倒八字形、交叉捆绑或下压式捆绑。

（3）防止变形措施

构件装车运输必须采用牢固托架支撑各受力点，并用木垫垫好。钢结构件装车时下面应垫好编结草绳，重叠码放时应在各受力点铺垫草垫。

（4）成品保护

1）为防止漆膜损坏，必须采用软质吊具，以免损坏构件表面涂装层。

2）构件机加工表面、落空应涂防锈剂，采取保护措施。

3. 钢结构安装控制要点

（1）钢柱安装工艺

1）单层标高的调整

单层标高的调整必须建立在对应钢柱的预检工作上，根据钢柱的长度、牛腿和柱脚距离来决定基础标高的调整数值。

2）吊装准备

根据钢构件的重量及吊点情况，准备足够的不同长度、不同规格的钢丝绳以及卡环。在柱身上绑好爬梯并焊接好安全环，以便于下道工序的操作人员上下、柱梁的对接以及设置安全防护措施等。

3）吊点设置

钢柱吊点的设置需考虑吊装简便、稳定可靠，还要避免钢构件的变形。钢柱吊点设置在钢柱的顶部，直接用临时连接板（至少 4 块）。为了保证吊装平衡，在吊钩下挂设 4 根足够强度的单绳进行吊运。同时，为防止钢柱起吊时在地面拖拉造成地面和钢柱损伤，钢柱下方应垫好枕木，钢柱起吊前绑好爬梯。

4）钢柱吊装

钢柱吊装采用汽车吊和塔吊，各区域装配及配合完成任务，如图 4-68 所示。

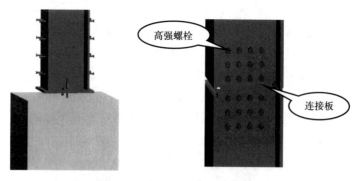

图 4-68　柱底安装、柱连接节点

钢柱吊装前，应对基础的地脚螺栓用锥形防护套进行保护，防止螺纹损伤。

保护钢柱的表面涂层，在吊装时使用带橡胶套管的钢丝绳进行绑扎。

为了防止柱子根部在起吊过程中变形，钢柱吊装时把柱子根部用垫木垫高，用一台起重机吊装。在起吊过程中，起重机边起钩边回转起重臂，直至把柱子吊直为止。

为了保证吊装时索具安全，吊装钢柱时应设置吊耳，吊耳应基本通过柱子重心的铅垂线。

钢柱吊装前应设置登高挂梯和柱顶操作台夹箍。

由于场地情况特殊，采取钢柱运到立刻吊装到位，不在场地上长时间放置。

5）钢柱校正

钢柱在吊装前，先在柱底用墨线划好腹板中心线和翼缘板中心线，在距柱底板 1.5m 的位置划好基准点。

钢柱用塔吊吊到位并对准地脚螺栓后，使钢柱缓缓落下，地脚螺栓穿入柱脚螺栓孔内；钢柱落到位后，保证柱的两条中心线与基础的相应位置线相对应。

钢柱采用单机吊装，以回转法起吊，安装后用两台经纬仪测量柱的基准点和钢柱的垂直度，钢柱矫正后，分初拧和终拧两次对角拧紧柱脚螺栓，并用缆风绳做临时固定，安装固定螺栓后，再拆除吊索。吊到位置后，利用起重机起重臂回转进行初校，一般钢柱垂直度控制在 20mm 之内，拧紧柱底地脚螺栓，起重机方可松钩。

对钢柱底部的位移校正可采用螺旋千斤顶加链索、套环和托座，按水平方向顶校钢柱，校正后的位移精度为 5mm 之内。

采用螺旋千斤顶对柱子垂直度进行校正时，在校正过程中须不断观察柱底和砂浆标高控制块之间是否有间隙，以防校正过程顶升过度造成水平标高产生误差。待垂直度校正完毕，再度紧固地脚螺栓，并塞紧柱子底部四周的承重校正块，并用电焊点焊固定。为防止钢柱在垂直度校正过程中产生轴线位移，应在位移校正后在柱子底脚四周用 4～6 块 10mm 厚钢板作定位靠模，并用电焊与基础面埋件焊接固定，防止移动。

柱子间距偏差较大时，用捯链进行矫正。

在吊装竖向构件或屋架时，还须对钢柱进行复核，此时一般采用链条捯链拉钢丝绳缆索进行校正，待竖向构件（特别是柱间支撑）或屋架安装完后，方可松开缆索，如图 4-69 所示。

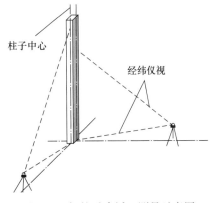

图 4-69　钢柱垂直矫正测量示意图

柱子垂直度校正要做到"四校、五测、三记录"，以保证柱子在组成排架或框架后的安装质量。

6）钢柱安装注意事项

钢柱吊装应及时形成稳定的框架体系。

每根钢柱安装后应及时进行初步校正，以利于钢梁安装和后续校正。

校正时应对轴线、垂直度、标高、焊缝间隙等因素进行综合考虑、全面兼顾，每个分项的偏差值都要达到设计及规范要求。

钢柱安装前必须焊好安全环及绑牢爬梯，并清理污物。

利用钢柱的临时连接耳板作为吊点，吊点必须对称，确保钢柱吊装时为垂直状态。

每节柱的定位轴线应直接从地面控制基准线引上，不得从下层柱的轴线引上。

结构的楼层标高可按相对标高进行，安装第一节柱时从基准点引出控制标高到混凝土基础或钢柱上，以后每次使用此标高，确保结构标高符合设计及规范要求。

在形成空间刚度单元后，应及时催促土建单位对柱底板和基础顶面之间的空隙进行混凝土二次浇灌。

上下部钢柱之间的连接耳板待校正完毕并全部焊接完成后全部割掉，并打磨光滑，涂上防锈漆。割除时不要伤害母材。

起吊前，钢构件应横放在垫木上。起吊时不得使构件在地面上有拖拉现象，回转时需有一定的高度。起钩、旋转、移动三个动作交替缓慢进行，就位时缓慢下落，防止擦坏螺栓丝口。

（2）钢梁安装工艺

1）钢梁吊装采用塔吊和汽车吊，在梁拼装完成、高强度螺栓初拧后进行起吊，吊点位置如图4-70所示。

钢梁吊装时，须对柱子横向进行复测和复校。

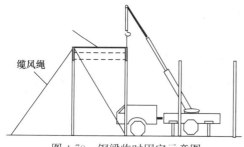

缆风绳

图4-70 钢梁临时固定示意图

钢梁吊装时应验算梁平面外刚度，如刚度不足，则采取增加吊点的位置或采用加铁扁担的施工方法。

钢梁的地面预拼装（事先对其尺寸外观检查）：在吊装前将钢梁分段进行拼装，并对拼装的钢梁进行测量，确保其尺寸符合规范要求后方可进行吊装，如图4-71所示。

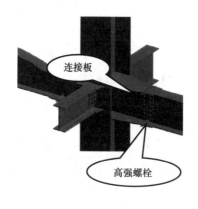

图4-71 柱梁、主次梁连接节点

钢梁的吊点选择，除应保证钢梁的平面刚度外，还应满足以下要求：

① 屋面的重心位于内吊点的连线之下，否则应采取钢梁倾倒的措施（即在钢梁屋脊

处多增加一个保险吊点和吊索）。

② 对外吊点的选择应使屋架下弦处于受拉状态。

③ 钢梁吊装就位后，安装工人在安全操作台上安装柱与梁连接螺栓及完成中段梁的空中拼装，拼装后用缆风绳临时固定。

以上述同样的方式安装第二榀钢梁，在每榀钢梁安装到位后，用高强螺栓将其固定，并将每榀钢梁对应的次梁吊装、摆放到位，并进行次梁安装。

2）钢梁的校正

钢梁吊装到位后，根据钢柱处预留连接板对钢梁进行垂直度校正，钢梁采用临时固定支撑来进行校正。临时固定支撑主要放置在屋脊和檐沟处。钢梁校正完毕，拧紧钢梁两端的高强螺栓，先初拧，再终拧。

（3）构件的除锈、防腐及防火

1）钢铁表面应按现行国家标准《涂覆涂料前钢材表面处理　表面清洁度的目视评定》GB/T 8923 执行，被涂表面在施工前必须彻底清理，做到被涂表面无锈蚀、无油污、无水渍、无灰尘等。钢结构表面除锈采用喷砂（抛丸）除锈，不得手工除锈，除锈处理等级达到 Sa2.5 级，除锈后 12h 内涂装底漆，以免发生二次生锈，现场补漆除锈可采用电动工具彻底除锈，除锈等级达到 St3 级，对除锈后的钢材表面检查合格后方可进行涂装。

2）现场补漆：对已做过防锈底漆，但有损坏、返锈剥落等部位及未做过防锈底漆的零配件，应做补漆处理，以红丹防腐漆作为修补防锈底漆。

当混凝土直接作用于钢梁上时，或采用组合楼板时，钢梁顶部及高强螺栓连接部位不应涂刷油漆。

3）钢构件出厂前不需要涂漆部位有以下几种，但应用显著标记划出：

① 型钢混凝土中的钢构件；

② 高强度螺栓节点摩擦面；

③ 地脚螺栓和底板；

④ 工地焊接部位；

⑤ 钢结构与混凝土的接触面。

4）构件安装后需补涂漆部位有：

① 接合部的外露部位和紧固件，如高强度螺栓未涂漆部分；

② 经碰撞脱落的工厂油漆部分；

③ 工地现场焊接区。

5）涂漆后的漆膜外观应均匀、平整、丰满而有光泽，不允许有咬底、裂纹、剥落、针孔等缺陷。涂层厚度用磁性测厚仪测定，总厚度应达到有关设计要求。

6）钢结构防火及防腐蚀要求：所选用的钢结构防火涂料与防锈油漆（涂料）防腐底漆采用红丹防锈底漆 2 道，无防火保护部位干膜漆膜厚度室外 $125\mu m$，室内不小于 $100\mu m$。防火涂料及保护层厚度应符合现行国家标准《钢结构防火涂料》GB 14907 和现行行业标准《钢结构防火涂料应用技术规程》T/CESC 24、《建筑钢结构防火技术规范》CECS 200 的规定。防火保护范围为：钢柱、钢梁、钢支撑、钢楼梯。耐火等级为：一级钢柱及钢梁的耐火极限达到 3h。埋入混凝土内的钢构件不涂防火涂料。钢柱、钢梁、防火喷涂采用薄涂型防火涂料，耐火极限达到设计要求，钢楼梯及组合板采用超薄型防火涂料。防火涂料及保护层厚度应符合现行国家标准《钢结构防火涂料》GB 14907 和现行行业标准《钢结构防火涂料应用技术规程》T/CESC 24 的要求，如图 4-72 所示。

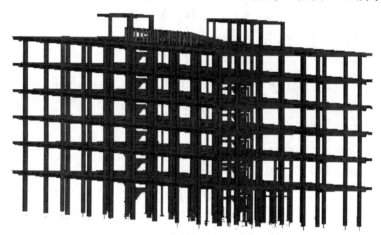

图 4-72　钢结构框架图

4. 钢筋工程质量控制

（1）墙体水平钢筋间距控制：墙体水平钢筋间距采用竖向梯子筋控制。绑墙水平筋时，根据竖向梯子筋分挡间距安放水平筋。

（2）墙体竖向钢筋间距控制：墙体竖向钢筋间距采用水平梯子筋控制。根据水平梯子筋分挡间距安放水平筋。

（3）柱主筋间距控制：柱主筋间距采用定距框控制。定距框在柱混凝土浇筑前放置，高出柱顶 30～50cm，与柱的竖向钢筋绑扎牢固，混凝土浇筑完毕，将定距框取出，周转使用。

（4）梁筋控制：梁筋主要是负筋二排筋易坠落和梁侧保护层厚度不均。梁上、下部主筋为二排或三排时，在排与排之间沿梁长方向设置 $\Phi25@1000$ 的短钢筋，将各排钢筋分开。

（5）板筋控制：板筋主要是负筋下坠的问题，除用马凳筋外，板筋绑扎的过程中，设置供行走用的跳板马道，随混凝土浇筑进度拆除。

（6）配合机电留洞，杜绝随意切割钢筋：技术人员绘制出结构预留、预埋留洞图，细化配筋，杜绝在钢筋工程中随意切割的现象，确保水电预留预埋的位置准确和结构安全性。

5. 模板工程质量控制

模板工程质量控制如表 4-14。

模板工程质量控制要点表　　　　　　　　　　　　　　　表 4-14

序号	质量通病	控制措施
1	漏浆	在模板板面接缝处和梁侧模及底模交接处，采用贴海绵条的措施解决漏浆问题
2	胀模偏位	模板设计强度控制，背楞加密。模板支设前放好定位线、控制轴线，墙模安装就位前采取定位措施，如采用梯子筋控制模板支设位置

序号	质量通病	控制措施
3	垂直偏差	支模时要反复用线坠吊靠，支模完毕经校正后如遇较大的冲撞，应重新较正，变形严重的模板不得继续使用
4	平整偏差	加强模板的维修，每次浇筑混凝土前将模板检修一次。板面有缺陷时，应随时进行修理，不得用大锤或振捣器猛振模板，撬棍击打模板
5	阴角不垂直不方正	修理好大模板，阴角角模。支撑时要控制其垂直偏差，并且角模内用顶固件加固

6. 混凝土工程质量控制

混凝土工程质量控制如表 4-15 所示。

混凝土工程控制措施   表 4-15

序号	项目	内容
1	优化配合比	混凝土使用的各种原材料、掺加料、外加剂均应具有产品合格证书和性能检验报告； 严格要求粗、细骨料，控制好其级配、含泥量、针片状含量等指标； 在拌合物中掺加外加剂和掺合料，以减少水泥用量，改善混凝土性能； 分析混凝土性能要求，考虑各种施工环境、施工工况，在实验室进行试配，检测混凝土性能，最终得出混凝土最优施工配合比
2	改善混凝土泵送工艺	混凝土泵送前，泵管内应先用水泥浆润滑泵管； 泵送开始时速度要先慢后快、逐步加速；同时观察混凝土泵的压力和各系统的工作情况，待各系统运转顺利后，再按正常速度进行泵送； 混凝土泵送过程中，采用两台混凝土搅拌运输车同时就位，保持送料的连续性
3	加强振捣	混凝土振捣密实，在浇筑混凝土时，选用合理的振捣器具、采用正确的振捣方法、掌握好振捣时间、控制好混凝土分层厚度，同时作好二次振捣，提高混凝土的密实度
4	加强养护	必须做好混凝土的养护工作，成立专门的养护班组，养护期间 24h 不间断。水平梁板覆地膜浇水养护，浇水次数根据能保证混凝土处于湿润的状态来决定

7. 钢结构工程质量控制

（1）原材料采购必须满足用户和规范要求，除业主规定的原材料外，其余都必须从合格供货方处采购，对到厂的材料均应严格按程序审核质保资料、外观、检验、化验、力学性能试验，且抽样比例必须满足规范和设计要求。

（2）严格按施工规范和设计要求进行材料复验，必要的焊接试验。焊接工艺评定覆盖所有焊接接头形式，当不能覆盖时要补做工艺评定。

（3）严格按规范要求进行高强螺栓摩擦面抗滑移系数试验。焊接性能检测试验，节点抗拉强度试验。

（4）厂内制作应严格管理，质量应达到内控标准要求，所有生产装备应全面检验和测试，有关机床和夹具、模具的加工精度须评定其工艺能力，确保工艺能力满足精度要求。

（5）以现行 ISO 9001 质量保证体系为基础，对每道工序的生产人员制订质量责任制，对违反作业程序、工艺文件的进行经济处罚，对造成批量报废的，将由生产管理部追查责任，并对直接和间接责任人进行经济处罚。

（6）严格按规定要求进行检验，每道工序生产过程都需有车间检查员首检，质检巡检和完工检，生产人员必须全过程全检，加工完毕后由专职检验员专检，确保加工的零部件和构件主控项目、一般项目等符合规范要求。

（7）每道工序制作完毕后必须进行自检，自检合格才能进入下道工序，并实行交接检验。

（8）检验人员应严格把关，工艺人员在加工初期勤指导，多督促。

（9）对编号、标识、包装、堆放进行规划，做到编号正确、包装完好、堆放合理、标识明显。

8. ALC 墙板工程质量控制要点

（1）测量放出主轴线，砌筑施工人员弹好墙线、边线及门窗洞口的位置。

（2）在吊装和安装过程中，应采取适当的运输和施工机具，避免板材损坏。

（3）安装墙板时为了确保板材上下两端与主体结构有可靠的质量，应严格按照排板图和节点图施工。

9. 装饰工程质量控制

（1）在施工中坚持以样板引路，强化施工前期的技术质量交底，外墙、室内平顶、墙面、木制品、地板等均先做样板层、样板间、样板段。

（2）主动与业主、设计人员及监理单位密切配合，提供先进合理的装饰施工工艺，为充分体现各类饰面材料的特色和功能做事先的策划工作。严禁低劣的装饰材料进入施工现场。

（3）合理安排各道工序的施工搭接，以确保各部位的施工一次成型、一次成优，切实做好产品的保护措施。

10. 机电安装工程质量控制

配套专业多，各种工序交叉复杂，易出现漏埋、错埋、错位、尺寸偏差、破坏成品等通病，如表 4-16 所示。

机电安装工程质量控制措施 表 4-16

序号	项目	内容
1	前期准备	开工前将土建结构图与设备安装、建筑装饰等图纸进行对照审核，确定各类预埋件、预留孔洞的位置、大小； 出图确认预留预埋孔并编制预留预埋方案
2	材料准备	根据图纸复核材料材质、数量； 准备材料厂家资质，并将资料报审业主、监理单位审批； 样品送样封存，不能送样材料进行材料厂家的现场考察； 材料送至现场后进行现场验收，不合格材料及时退场，将合格材料进行分类保存
3	工序交接	根据施工总进度计划并结合现场施工条件，及时进行各分项工程施工； 各种工程完成后，严格按照规范及图纸设计要求进行自检，自检合格后请监理单位进行验收； 验收合格后，按工序交接程序签字确认后交付下一道工序施工
4	成品保护	安装完成后，对已安装完成部分进行保护，如覆膜、盖板等； 需要隐蔽部位在隐蔽过程中派专人进行看护，如发现问题及时整改；不隐蔽部位安装完成后挂牌标示，禁止使完成部位受力变形； 对现场施工工人加强教育，并派专人进行巡查

4.3 施工常见问题及解决方案

4.3.1 冬期施工

由于冬期温度较低，对预制构件的灌浆工艺质量影响较大，故不建议施工现场进行冬期施工，但如果施工履约压力大，必须进行冬期施工，主要有两种施工思路：

(1) 冬期施工期间，仅进行构件吊装及现浇节点的浇筑施工，不进行钢筋套筒灌浆施工。这种施工方式能够有效避免冬期灌浆质量不足的风险，但对预制构件的临时支撑要求较高，一般来说，需要满配 2～3 层的构件支撑架料。

(2) 冬期施工期间，采用低温灌浆料，同时采取足够的取暖保温措施，确保温度达到正温，保证灌浆质量（一般做法为：将灌浆施工层的水平及竖向洞口用彩条布和草帘被密封，并在施工层内设置暖风鼓风机，保证灌浆施工温度，施工时，选择上午 10 时进行灌浆施工）。

上述两种冬期施工方式均需进行专家论证，论证通过后方可进行施工。

4.3.2 外防护架选型

目前来说，装配式剪力墙结构体系中，常见的外防护架类型有三种：传统悬挑工字钢外防护架、新型三角挂架、可周转锚固件悬挑架。

1. 传统悬挑工字钢外防护架

(1) 施工前需提前考虑脚手架所需的型钢锚固，因此预制构件深化设计前，需考虑埋件的预留（图 4-73），是否采用分体式悬挑锚固件。

(2) 工字钢的排布过程中，需要注意避让灌浆套筒，并与灌浆套筒保持一定间距，方便分仓和封缝。

2. 新型三角挂架

新型三角架由支架结构、立网结构、踏板结构和相关配件组成（图 4-74），与每块预制外墙等长的单层定型防护架，该防护架在使用过程中满配两层，交替用塔吊上翻。使用该新型三角挂架，可以较大提升施工效率，节省架体搭设人工费用，同时由于架体与结构墙体连接形式简单，预留洞口孔径小，使后期孔洞的封堵处理及建筑物外墙的保温防水性能有较大的改善，同时能够保证外墙装饰的整体性，质量观感较好。

该架体施工过程中需要注意：

(1) 该架体应用成本较高。

(2) 由于每一榀架体整体提升，需要占用塔吊时间，对塔吊吊次要求较高。

(3) 由于该架体体系层层上翻，不利于外墙饰面工序的插入。

(4) 该架体施工前需组织专家论证。

3. 可周转锚固件悬挑架

可周转锚固件悬挑架体系是由可取出预埋件、外部连接件、钢拉杆三大部分组成的不穿墙悬挑架（图 4-75）。该悬挑架体系具备不穿墙、除预埋锚环外全部可周转、安全系数高等优势。

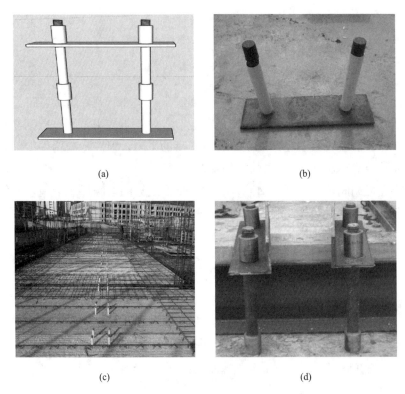

(a)　　　　　　　　　　　(b)

(c)　　　　　　　　　　　(d)

图 4-73　埋件的预留

（a）全貌；（b）分体式锚固件下部；

（c）下部预埋进叠合板；（d）上部固定型钢

图 4-74　新型三角挂架

该架体施工中需要注意：

（1）该产品需要针对项目具体应用，按需生产，成本较高。

（2）该产品加工周期可能需要 20 天至 2 个月，加工周期较长，需提前规划。

（3）本体系属于新型架体，需要组织专家论证，技术准备时间较长。

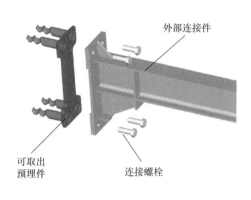

图 4-75　可周转锚固件悬挑架

4.3.3　塔吊附着方式

在装配式剪力墙结构体系中，由于外墙板为预制构件，塔吊附着较为困难，当前常见的塔吊附着方式有三种：外墙现浇段附着、内墙现浇段附着、辅助钢柱附着。

1. 外墙现浇段附着

塔吊附着方式中，优先选择此种附着方式，该方式与传统塔吊附着方式一样，在墙体的现浇段预埋塔吊附着件（图 4-76）。

采用这种方式进行附着时，需注意：一是要复核塔吊附着的长度和角度要求；二是附着的现浇段，要尽量选择"T"字形现浇段，并经设计院受力复核，保证墙体受力安全。

2. 内墙现浇段附着

内墙现浇段附着主要应用于外墙现浇节点不满足附着要求时，将塔吊的附着件预埋在内墙现浇段内。

采用这种方式进行附着时，需注意：一是要着重考虑塔吊的附着高度，这种方式附着臂

图 4-76　外墙现浇段附着

需要通过外墙洞口，需要核实塔吊附着节的高度是否合适；二是附着的现浇段需要进行受力复核，保证墙体受力安全。

3. 辅助钢柱附着

当前两种方式不满足现场实际施工需求时，可考虑采用这种方式进行塔吊附着，该方式为在建筑内部立一个与楼层等高的钢柱，钢柱通过斜撑及螺栓与结构形成统一整体，塔吊附着于此钢柱上（图 4-77）。

4.3.4　外立面涂料施工

装配式剪力墙体系中，墙板之间的竖向拼缝一般采用建筑耐候胶封堵，施工完成后，部分装配式建筑需进行外立面涂料施工，由于胶缝与涂料的粘合度不足，加之膨胀系数也

不同，外墙涂料易发生空鼓现象。

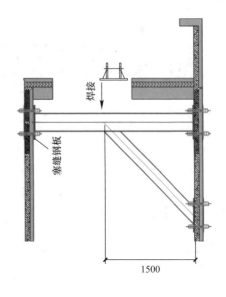

图 4-77 辅助钢柱附着

当前最佳解决方式为，将胶缝外露，以胶缝位置作为外墙涂料的分格缝。采用这种方式需要注意：墙体预制构件过程中，要进行吊装质量控制，保证建筑整体的构件拼缝竖向顺直。

4.3.5 叠合板外伸钢筋与梁筋冲突

如果楼板采用叠合板，框架梁采用现浇，框架梁钢筋与叠合板外伸钢筋易发生"打架"现象（图 4-78），解决方式如下：

图 4-78 叠合板外伸钢筋与梁筋冲突

（1）叠合板安装后绑扎梁钢筋，插入主筋后，将梁抬起放置箍筋并进行绑扎。

（2）合理安排叠合板安装顺序：

1）先铺无现浇板带区域，先底后高，先边后中；

2）再铺有现浇板带区域，先铺梁两边后中间；

3）最后铺降板区域。

第 5 章 专项施工技术

5.1 保温施工技术

5.1.1 高性能建筑外墙保温施工技术

净零能耗建筑，需要保温隔热性能更高的非透明围护结构。在设计中，屋面保温层厚度一般在 150mm 以上，敷设难度比较大，保温层通常需要分层错缝铺设。

本书以外墙保温层为 250mm 厚模塑聚苯板，分 100mm+150mm 两层错缝铺设为例进行介绍。施工要求为：第一层保温板粘贴采用对 EPS/XPS 板，应采用点框法或条粘法，山墙部位的粘结面积不应小于 60%，其他部位粘结面积不应小于 40%；对岩棉板，山墙部位应采用无空腔满粘法，其他部位可采用条粘法，粘结面积不应小于 60%。第二层保温板采用满粘法粘贴，隔热断桥加长锚栓固定。岩棉防火隔离带在窗洞上口，宽度为 500mm，厚度同墙面保温，错缝铺设，岩棉保温板均采用满粘法施工，隔热断桥加长锚栓固定。

1. 施工准备

（1）材料准备

1）材料、构件、料具必须按施工现场总平面布置图堆放，布置合理，如图 5-1 所示。

2）材料、构配件及其他料具等必须做到安全、整齐堆放（存放），不得超高（图 5-2）。堆料应分门别类，悬挂标牌。标牌应统一制作，标明名称、品种、规格数量以及检验状态等。

图 5-1 材料码放

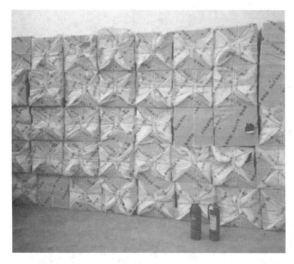

图 5-2　材料堆放

3）施工现场应建立材料收发管理制度。仓库、工具间材料应堆放整齐。易燃易爆物品应分类堆放，配置专用灭火器，专人负责，确保安全。

4）保温材料均采用塑料薄膜袋包装，防潮防雨，包装袋不得破损，应在干燥通风的库房储存，并按品种、规格分别堆放，避免重压；网布、锚固件也应防雨防潮存放；干粉砂浆注意防雨防潮和保质期；注意防火。

5）施工现场建立清扫制度，落实到人，做到工完料尽、场地清。建筑垃圾应定点存放，及时清运。

6）施工现场应采取控制扬尘措施，水泥和其他易飞扬的颗粒建筑材料应密闭存放或采取覆盖等措施。

7）外墙保温系统构造、各组成材料种类必须满足设计和规范要求。应由系统供应商提供配套材料。

（2）材料的试验检验

1）严格材料进场验收。外墙保温系统各组成材料进场时，施工总承包单位应在自检合格的基础上，及时向监理单位报验（图 5-3）。监理单位应按下列要求进行进场验收：

图 5-3　材料的验收

① 检查认定证书及型式检验报告，系统构造、材料种类应与质量证明文件及检验报告内容一致。

② 核查系统各组成材料的质量合格证明文件是否齐全有效，并对其外观质量进行检查验收。

2）对保温板、胶粘剂和抹面胶浆、耐碱玻纤网等需进行进场复验的材料，所取试样必须在已进场材料中随机抽取，经建设、施工、监理、质量检测机构四方有关人员共同见证封样后送检。

3）未经进场验收或进场验收不合格的材料，严禁用于工程。

（3）施工机具准备

1）根据现场实际情况及工程特点、施工进度计划，实行动态管理，适当考虑各种不可预见的因素，在满足工程需要的同时，略有富裕，确保工期目标的全面实现。施工过程中，进行合理的机械调配，发挥各机械的最大效率。根据工程进度编制工程进场计划，使机械得到合理的配置及周转，同时减少资金的占用和浪费。

2）主要施工机具设备为：外接电源设备、电动搅拌机、抹刀、专用锯齿抹刀、木搓板、阴阳角抹刀、2m靠尺、搅拌桶、冲击钻、壁纸刀、手锯、手持电热丝切割机、托灰板、锤子、卷尺、剪刀、不锈钢打磨抹刀、拉线、弹线墨斗、发泡枪、开孔器、垂球等。施工用劳动防护用品、安全帽、手套等准备齐全。

（4）技术准备

1）外墙保温工程施工前，建设单位应组织设计、监理、施工总承包（专业分包）、系统供应商等单位对施工图设计文件进行专项会审并形成会审记录，对涉及安全和重要使用功能的重点部位、关键节点等，具体做法和相关技术措施不明确的，应补充出具相关深化设计文件。

2）专项会审工作完成后，施工总承包（专业分包）单位应依据施工图设计文件及会审记录、相关技术标准、材料产品使用说明书、专家论证意见等编制专项施工方案，并报监理单位审查批准。

3）保温施工前施工负责人应熟悉图纸，明确施工部位和工程量。组织施工队进行技术交底和观摩学习，进行好安全教育。

4）外墙保温工程大面积施工前，施工总承包（专业分包）单位应采用相同材料和工艺在工程实体上制作样板墙，样板墙应符合下列要求：

① 应以工程项目（标段）为单位制作，同一工程项目（标段）采用多个外墙保温系统的，应分别制作。

② 应设置在山墙与外纵墙的转角部位，面积不得小于 $20m^2$，且应至少包含外窗洞口、外墙挑出构件各一处。

③ 应设置标示牌逐层解剖展示外墙保温系统各构造层材料种类。

④ 应设置标示牌以图文形式展示保温板粘贴方法及粘结面积要求、锚栓固定方法及锚固深度要求等。

⑤ 制作样板墙的同时，应制作用于检测保温板与基层粘结强度、锚栓锚固力的相关

样板件，并委托具有相应资质的质量检测机构进行现场拉拔试验。

⑥ 样板墙制作完成且现场拉拔试验检测合格后，应由建设单位组织监理、施工总承包（专业分包）、系统供应商等单位联合验收并形成验收记录；联合验收合格后，施工总承包单位应持验收记录及现场拉拔试验报告向工程质量监督机构申请监督抽查，未经监督抽查不得进行大面积施工。

（5）施工条件

1）外墙外保温施工期间以及完工后 24h 内，基层及施工环境温度应为 5～35℃，夏季应避免烈日暴晒；在五级以上大风天气和雨、雪天不得施工。如施工中突遇降雨，应采取有效措施防止雨水冲刷墙面。

2）结构墙体和窗洞口的施工质量应验收合格，结构墙体应采用水泥砂浆实施找平，找平层厚度不宜小于 12mm。水泥砂浆找平层的平整度和垂直度应符合一般抹灰要求。

3）由于被动房窗洞口、穿墙管道、通风管道、落水管道等孔洞内由防水隔汽膜、外由防水透气膜包裹，已满足基本的防水要求，不需要再次进行防水处理。

4）被动房外墙应尽量减少支架、龙骨、开关、插座接线盒等会导致"热桥"或影响外墙保温性能的部件。必须固定在基层墙面上伸出墙面的水落管支架、空调管支架、外遮阳设备或消防梯等构件时，应在保温施工前安装好连接件或支架，做好防锈处理，安装时采用一定的断热桥措施，如预固定金属构件与基墙的连接处使用塑料垫片或厚度不小于 20mm 的保温材料垫层，安装时还应考虑保温层厚度，留出应有的施工距离。

5）对于外墙穿墙管道，在保温施工前，应先预埋好套管并预留足够的保温间隙，并对套管和基墙交界处采用防水砂浆抹实找平。

6）被动房外墙保温施工前，必须先完成窗的安装，外挂窗安装时应注意窗与结构墙之间、窗与第一层保温板之间的缝隙需做好相应的密封处理，窗与结构墙之间使用防水隔汽膜，窗与第一层保温板之间使用防水透气膜，窗与第一层保温板交接的终端部位使用窗连接线条，如图 5-4 所示。

图 5-4 外挂窗安装

7）施工用专用脚手架应搭设牢固，安全检验合格。脚手架横竖杆与墙面、墙角的间距应满足施工要求（如果采用吊篮施工，吊篮的运输、安装、移动和拆卸也应当满足相关的规范要求)。

8)作业现场应通水通电,并保持作业环境清洁和道路畅通。

9)基层墙面要求:

由于薄抹灰外墙外保温系统抹面层和饰面层的偏差很大程度上取决于基层,为保证保温工程的质量,保温层要求铺在坚实、平整的表面上,应采用聚合物水泥砂浆对基层墙面进行整体找平处理,找平层应粘结牢固,表面平整洁净,表面平整度偏差不得超过5mm。严禁在未经处理的基层墙面上直接粘贴保温板,防止外墙渗漏或因基层墙面不平整导致保温板粘贴不附实。

水泥砂浆外墙面粉刷层基层粘结牢固、无开裂、无空鼓、无渗水。

基层面干燥、平整,平整度用2m靠尺测定,小于5mm误差;基层面具一定强度,表面强度不小于0.5MPa。

基层墙体必须清理干净,使墙面没有油、浮尘、污垢或空鼓的疏松层等污染物或其他妨碍粘结的异物,应将外墙面的各类施工孔洞(主要包括穿墙螺栓孔、脚手架悬挑型钢及连墙件临时预留洞等)封堵严密并在其迎水面作防水处理;各类外墙挑出构件的阴角部位应做防水处理。防水材料种类及具体做法应符合设计要求,宜选用水泥基渗透结晶型防水涂料。

剔除墙表面的突出物,使之平整,必要时用水冲洗墙面。经过冲洗的墙面必须晾干后,方可进行下道工序的施工。

2. 施工工艺

(1)工艺流程

外墙保温工艺流程如图5-5所示。

(2)外保温施工工艺

1)挂基准线、弹控制线

弹线控制:根据建筑物立面设计,在墙面弹出外窗水平、垂直控制线,并应视墙面洞口分布进行保温板预排板,做好相应标记。根据提供的控制线和水平点弹出单体楼房的外地坪水平线起点。当需要设置系统变形缝、防火隔离带时,应在墙面相应位置弹出安装线及宽度线,如图5-6所示。

挂基准线:在建筑外墙大角(阳角、阴角)及其他必要处挂垂直基准线,垂线与墙面的间距为所贴保温层的厚度,每个楼层在适当位置挂水平线,以控制保温层的垂直度和平整度。

2)勒脚处理

对于有地下室的建筑,地面建筑外墙外保温与地下部分保温应该连续,并在保温层内外侧均施工一道防水层,防水层应延伸至室外地面以上,厚度不宜小于300mm。防水层应严密包裹住保温层,防止水分进入保温层而降低保温效果,如图5-7所示。

3)粘接砂浆的配置

粘接砂浆的配置需要专人负责,将粘接砂浆倒入干净的塑料桶,加入净水,采用手持式电动搅拌器进行搅拌,水灰比应根据产品说明进行控制,用电动搅拌器充分搅拌6~

7min，放置5min进行熟化后方可使用。一次配置用量以2h内用完为宜。粘结砂浆应集中搅拌，专人定岗操作，如图5-8所示。

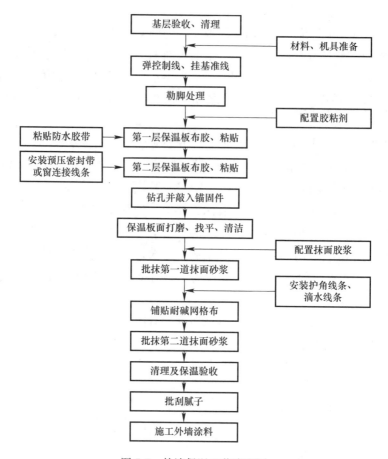

图5-5 外墙保温工艺流程图

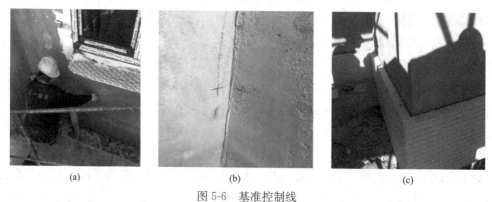

(a)　　　　　　　　(b)　　　　　　　　(c)

图5-6 基准控制线

（a）放水平线；（b）水平线交圈；（c）挂垂直线

4）保温板布胶

保温板切割：保温板的外观尺寸偏差应在规定范围内，当现场需要切割时应采用电热丝切割器或专用锯切割，大小面应垂直，切口需平整。保温板切割处，应使用打磨板进行打磨后再进行粘贴。

考虑到基层墙体平整度情况，第一层保温板应采用点框法布胶（当遇基层平整度偏差较大时，可以依靠粘结砂浆的点厚来调节），布胶面积、粘结厚度应符合国家、行业或者地方标准的规定如图 5-9 所示。

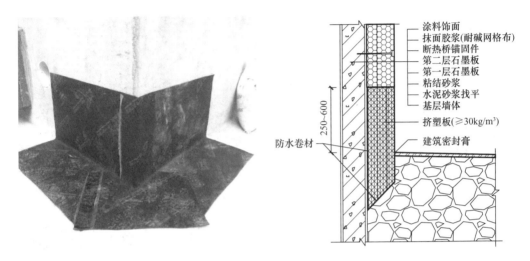

图 5-7　勒脚铺设防水层、外墙保温层切 45°角封闭

涂料饰面
抹面胶浆(耐碱网格布)
断热桥锚固件
第二层石墨板
第一层石墨板
粘结砂浆
水泥砂浆找平
基层墙体
挤塑板(≥30kg/m³)
防水卷材
建筑密封膏
250~600

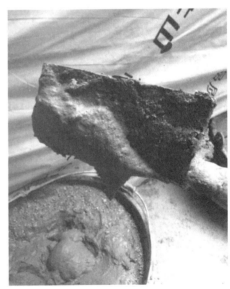

图 5-8　配置粘结砂浆

点框法采用抹刀在每块保温板四周边涂抹宽约 50mm，厚度 10mm 的粘结砂浆，然后再在保温板中部均匀甩上 8 块直径约 140mm、厚度 10mm 的粘结点，此粘结点要布置均匀，板的侧面不得涂抹或沾有粘结砂浆。

第二层保温板应采用条粘法布胶。先采用抹刀满批，然后采用专用锯齿抹刀批刮出粘结砂浆条，施工过程中可根据锯齿抹刀的齿宽、齿深控制布胶量，如图 5-10 所示。

图 5-9 保温板切割、点框法布胶

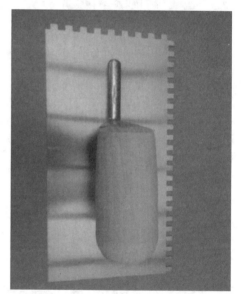

图 5-10 保温板条粘法布胶及专用锯齿抹刀

5）保温板粘贴

自外墙面底部起横排布板、自下而上施工。布好胶的保温板立即粘贴到墙面上，动作迅速，以防胶料结皮而影响粘结效果。粘贴保温板时，应用手按住保温板面沿四面揉动就位，严禁用手拍击。粘板过程中，应随时使用 2m 靠尺测量板面平整度，不平时，使用 2m 靠尺轻轻敲打、挤压板面。应及时清除干净板侧挤出的粘结料，达到板与板间挤紧，板间不留间隙，碰头缝处不可涂抹粘结砂浆。板与板之间要挤紧，板间缝隙不大于 1.5mm，板间高差不大于 1.5mm。板间缝隙大于 1.5mm 时，应使用保温条将缝塞满，板条不得粘结，板缝更不得用粘结砂浆直接填塞。板间高差较大的部位应使用打磨板打磨平整，如图 5-11 所示。

一般先从墙拐角（阳角）处粘贴，应先排好尺寸，切割保温板，使其粘贴时垂直交错连接，确保拐角处顺垂且交错垂直。

外墙双层保温板应叠层错缝粘贴，第二层保温板与第一层保温板横、竖向均应错缝，且错缝宽度不应小于 200mm。阴阳角部位，保温板应交叉错缝咬合粘贴，如图 5-12 所示。

保温板施工完成后均需采用聚氨酯发泡剂将保温板与板、保温板与构建之间的缝隙填塞满，以保证整个保温系统的气密性。

图 5-11　第一层保温板粘贴

图 5-12　第二层保温板粘贴

在粘贴窗框四周的阳角和外墙阳角时，窗框应已打发泡剂、勾缝及嵌好密封膏，将切割好并布好胶的 20mm 保温条紧压外墙面及墙面大面的保温板侧面端口，窗框边也用胶粘剂贴紧。上窄幅网和大网至窗框边，交后一道工序施工，外边框应打防水胶。在粘贴外墙阳角和窗框四周的阳角时，应先弹好基准线，作为控制阳角上下垂直的依据。门、窗及洞口角上粘贴的保温板应用整块裁出，不得拼接。而且保温板的接缝处要离开转角至少 200mm。窗洞口四角周围的保温板应割成"L"形进行整板粘贴。外挂窗安装时应注意窗与结构墙之间需做好相应的密封、防水处理。金属固定件应使用防水透气膜将其完全包裹，窗与第一层保温板交接部位宜使用窗连接线条。第二层保温板尽可能多地覆盖窗框。第二层保温板与窗台板两侧及底面相接处的部位宜使用预压膨胀密封带压紧，遮阳外卷帘等凸出墙面的金属预埋件与基层墙面之间的空隙应采用保温板块填塞满，如图 5-13 所示。

根据被动式建筑外保温的要求，第二层保温板要压住窗框部分 2/3 以上，尽可能地减少暴露面积。

6）岩棉防火隔离带施工

依照《建筑设计防火规范》GB 50016—2014（2018 年版）的要求：当外墙保温材料采用 B1、B2 级材料时，应在每层设置防火隔离带，防火隔离带燃烧性能等级应为 A 级，且宽度不应小于 300mm，如图 5-14 所示。

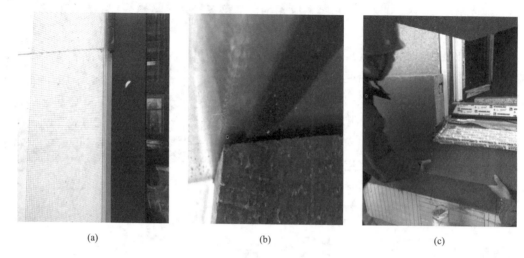

图 5-13　窗周围的保温板处理

（a）安装窗连接线条；（b）粘贴预压膨胀密封带；（c）保温板覆金属预埋件

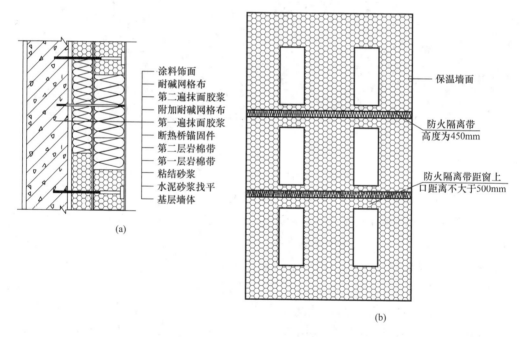

涂料饰面
耐碱网格布
第二遍抹面胶浆
附加耐碱网格布
第一遍抹面胶浆
断热桥锚固件
第二层岩棉带
第一层岩棉带
粘结砂浆
水泥砂浆找平
基层墙体

（a）

保温墙面

防火隔离带
高度为450mm

防火隔离带距窗上
口距离不大于500mm

（b）

图 5-14　防火隔离带布置示意图

注：岩棉隔离带位置的锚固件安装方法与大面嵌入式的不同，选择敲击式的安装方法。

（a）防火隔离带系统构造图；（b）防火隔离带立面布置图

防火隔离带施工应与外立面外墙外保温系统施工同步进行。

岩棉防火隔离带布胶前采用界面剂对其表面进行处理，施工部位位于窗上口与楼层施工缝之间，施工完毕及时用砂浆封闭。

先选定设置防火隔离带的位置并画线，保温板自下而上粘贴到画线位置时，进行防火隔离带施工。防火隔离带选用岩棉带，燃烧性能为 A 级，由于岩棉自身的特性，在其粘贴上墙之前，需要进行界面处理，即在岩棉带的表面满涂界面砂浆以增强其与墙面及防护层的粘结强度。

防火隔离带满布粘结砂浆，粘贴上墙时需与外立面聚苯板紧靠，岩棉带间、岩棉带与聚苯板间缝隙较大时，需用岩棉条进行填塞。

第二层岩棉带与第一层岩棉带需错缝处理，横向缝错缝宽度为 75mm，竖向缝错缝宽度不小于 50mm。防火隔离带下沿与窗上口距离不宜大于 500mm。

为了防止雨水通过岩棉带进入外墙外保温系统，在岩棉带打磨完成后需立即用抹面砂浆及附加耐碱网格布将岩棉带进行封闭处理。

在附加网格布上的抹面砂浆还是潮湿的情况下，进行锚固件锚固。锚固件穿过附加网格布，且布置数量应满足相应的国家、行业或者地方标准的要求；锚固件安装完成后，表面用抹面砂浆覆盖。等到封闭用抹面砂浆干燥后，再进行大面网格布施工。

抹面层施工完成，验收合格后，养护 3～7 天即可进行后续涂料饰面施工。

7）锚栓安装

保温系统一般在粘结层自然养护 24h 后（夏天气温高，可以 12h 后即可）即可安装锚固件。按照设计要求的位置使用冲击钻钻孔，锚固深度为基层内不低于 25mm，钻孔深度根据使用的保温板厚度采用相应长度的钻头，钻孔深度比锚固件长 10～15mm。

任何面积大于 0.1m² 的单块保温板必须加固定件，数量视形状及现场情况而定，对于小于 0.1m² 的单块保温板应根据现场实际情况决定是否加固定件。板与板间的 "T" 字部位必须打入锚固件。

固定件加密：一般在阳角、窗洞口边缘区加密处理，距离间隔 300mm。

在钻孔边缘采取先压陷与工程膨胀钉帽近似尺寸的区域，然后将工程膨胀钉敲入，以达到与保温板面平齐后略拧入一些；再将膨胀钉轻轻敲入，确保膨胀钉尾部膨胀回拧，使之与基层充分锚固并保持板面齐平。

锚固件安装完毕后四周做防水处理。

被动房外墙保温需采用断热桥锚固定件，沉头式安装法和浮头式安装法均适用于单网外墙外保温系统，而双网外墙外保温系统（例如岩棉隔离带部位）只适用浮头式安装法。锚固件布置数量必须满足国家、行业或者地方标准的要求。

① 沉头式锚固件安装方法

根据设计和规范要求的位置使用冲击钻钻孔，注意钻孔深度和直径要与螺栓配套，钻孔后要及时清孔，孔内不得有碎屑，清孔后将锚固件的塑料圆盘连带钉芯一同装入孔中，用开孔器将锚固件安装固定进基层墙体，然后用圆形保温盖板将孔封堵。注意锚固件入墙深度应满足设计要求，如图 5-15 所示。

② 浮头式锚固件安装方法

利用冲击钻钻孔，注意钻头直径要与锚固件同规格，钻孔深度应比锚固件长 20mm 左右，将锚固件的塑料圆盘连带钉芯旋转安装固定进基层墙体，再用相同规格的保温条将孔封堵，如图 5-16 所示。

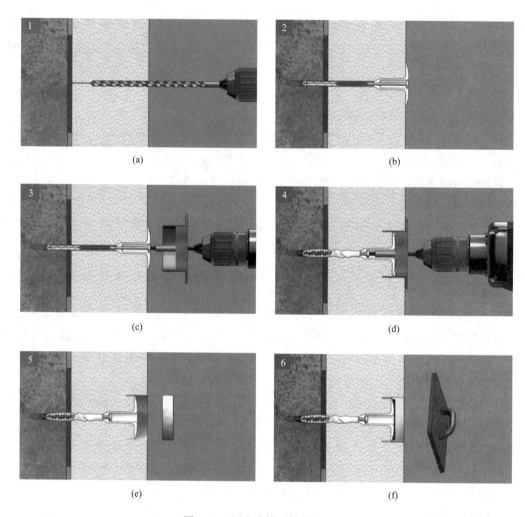

图 5-15　沉头式锚固件安装方法

（a）冲击钻钻孔；（b）锚固件拍进保温板；（c）开孔器对准钉芯尾端；
（d）锚固件旋转进墙体；（e）采用保温盖板覆盖；（f）调账板面平整度

8）抹面砂浆的配置

抹面砂浆可在现场搅拌。在搅拌桶里倒入洁净水，加水量约为粉剂的 20％；采用手持式电动搅拌器边搅拌边加入配套聚合物抹面砂浆，充分搅拌均匀，搅拌时间 6～7min，放置一段时间进行熟化；每次配置用量以 2h 内用完为宜，配好的聚合物砂浆应采取防晒避风措施，如图 5-17 所示。

切记：抹面砂浆要搅拌充分，黏度确保刚粘贴上的抹面胶浆不掉落，不可加水过多；注意抹面胶浆只需加洁净水，不可加入其他添加料，如：水泥、砂、防冻剂及其他异物；注意调好的抹面胶浆宜在 4h 内用完；工作完毕，务必及时清洗干净工具。

9）抹面层施工

在大面积挂网之前，应先完成耐碱网格布翻包的工作，例如在洞口四角处沿 45°方向铺设一道 200mm×300mm 的附加网格布；在阴角部位铺设一道不小于 400mm 宽的网格布等。还应先在阳角部位、窗洞口部位满打底灰安装护角线条、滴水线条。大面积网格布搭结在窗洞口周边的网格布，如图 5-18 所示。

图 5-16　浮头式锚固件安装方法

（a）冲击钻钻孔；（b）锚固件拍进保温板；（c）钉芯旋转进墙体；（d）披头对准钉芯尾端；

（e）塞进同规格保温条；（f）锚固件安装完毕；（g）安装完成面

图 5-17　抹面砂浆的配置

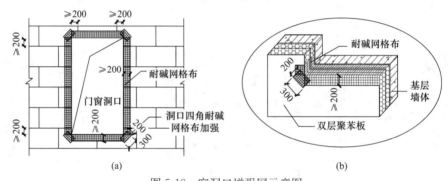

(a)　　　　　　　　　　　　　　(b)

图 5-18　窗洞口增强网示意图

注：洞口四角处的聚苯板应采用整块切割成型，不得拼接。

（a）门窗洞口增强网示意图；（b）门窗洞口增强网放大示意图

抹面胶浆施工前还应先将耐碱网格布按楼层高度分段裁好，将耐碱网格布裁成长度为 3m 左右的网片，并尽量将网片整平。

将制备好的抹面砂浆均匀地涂抹在保温板上，采用专用锯齿抹刀在保温板上拉涂，紧接着将裁剪好的网格布绷紧贴于底层抹面胶浆上，用抹刀边缘线压固定，然后将抹面胶浆在网格布上均匀抹平整，要确保抹面胶浆均匀，并保证整体面的平整度符合要求，如图 5-19 所示。注意：确保抹面胶浆与保温板粘结良好，分配物料并保证粘结良好，防止空鼓。

该工序不仅可以使得抹面砂浆充分包裹网格布，还能使得网格布尽量靠近抹面层的表面约 1/3 处，使得网格布的作用发挥到最大。该工序的施工质量控制标准为：看不见网格布颜色而看得见网格布格子。该工序强调工人相互配合。

大面积网格布埋填：沿水平方向绷直、绷平，并将弯曲的一面朝里，自上而下一圈一圈铺设，然后由中间向上下、左右方向将抹面胶浆抹平整，确保抹面胶浆紧贴网布粘结，无空鼓、无外露。网格布左右搭接宽度不小于 80mm，上下搭接宽度不小于 100mm，局部搭接处可用抹面砂浆补充原砂浆不足处，不得使网格布皱褶、空鼓。该工序必须先布胶再埋网，严禁干挂网及挂花网的情形出现。

图 5-19　抹面层施工

(a) 铺设 45°增强网；(b) 安装阳角护角线条；(c) 安装滴水线条；

(d) 锯齿抹刀涂拉砂浆；(e) 抹面一次成型；(f) 完成面

对装饰凹缝，也应沿凹槽将网格布埋入抹面砂浆内，网格布在此断开处必须搭接，搭接宽度不少于 150mm。

对后于保温施工的墙体预留洞处理：在洞口四周应留出 100mm 不抹胶粘剂，保温板层也应留出 100mm 不抹面胶浆，待以后对局部进行修整。

在阴阳角处，网格布还需从每边双向绕角且相互搭接宽度不小于 200mm。

防火隔离带铺贴双层耐碱网格布，两层网格布之间抹面砂浆应饱满，严禁干贴。

待第一道砂浆固化良好后，将制备好的抹面砂浆均匀涂抹，抹面层厚度以盖住网格布为准（现网不漏网为宜），避免形成空鼓。必须用大板批刮，再用小板、毛刷收光，达到平整度要求，抹面砂浆面层平整度/垂直度应控制在 4mm 之内。

抹面砂浆施工完毕后，再经自然养护 3～7 天后，经验收合格后即可进行后续饰面层工作。

（3）外墙保温施工注意事项

1）施工前，应根据保温板材规格进行排板，并确定锚固件的数量及安装位置。

2）外保温施工前，应具备以下条件：

① 基层墙面表面平整度和立面垂直度均应满足相关标准要求，且应清洁，无油污、浮尘等附着物；

② 外墙上预埋固定件、穿墙套管等均施工完毕；

③ 外窗框安装就位。

3）外墙粘贴保温材料时，宜采用点框粘贴；安装锚固件时，应先向预打孔洞中注入聚氨酯发泡剂，再立即安装锚固件；严禁采用点粘法粘贴保温板，防止保温板背面缝隙贯通相连而放大风荷载效应；对岩棉板，尚应采用金属托架进行承托处理，金属托架规格、数量及位置应符合设计要求。

4）窗洞口四角处的保温板应整块切割成型，不得拼接；变形缝两端必须按设计要求填塞保温板。

5）为防止雨、雪水渗入保温板与基层之间产生冻胀效应，对勒脚、变形缝、外墙洞口、女儿墙墙顶等系统起、终端部位，应进行防水密封处理。

6）保温板应平整紧密地粘贴在基墙上，避免出现空腔，造成对流换热损失和保温脱落隐患。当发现有较大的缝隙或孔洞时，应拆除重做；如果仅为保温板外部表面缝隙或局部缺陷，可用发泡保温材料进行填补；如果缺陷为内侧的缝隙或空腔，使用发泡剂进行封堵不能保证长期的可靠性，则必须拆除重做。

7）防火隔离带与其他保温材料应搭接严密或采用错缝粘贴，避免出现较大缝隙；如缝隙较大，应采用发泡材料严密封堵。

8）外墙保温板抹面胶浆及锚栓安装施工，除应严格执行相关现行国家标准及地方标准外，还应符合下列要求：

① XPS 板、岩棉板粘贴前必须进行界面处理，对 XPS 板，两个大面应喷刷专用界面剂，对岩棉板，两个大面和四个小面均应喷刷防水型界面剂。

② 现场配制抹面胶浆时，应按照其产品使用说明书要求严格计量，并在规定时间内使用，不得二次加水拌合。

③ 对 EPS/XPS 板，抹面胶浆层应分两次施工，并在第一道抹面胶浆施工时压入一层耐碱玻纤网，其中防火隔离带与保温板交接处应在第二道抹面胶浆施工时加铺一层耐碱玻纤网（上下搭接宽度不应小于 200mm）。

对岩棉板，抹面胶浆层应分三次施工，并在第一道抹面胶浆和第二道抹面胶浆施工时分别压入一层耐碱玻纤网。

④ 在勒脚、变形缝、外墙洞口、女儿墙墙顶等系统起、终端部位应采用耐碱玻纤网进行翻包处理，在阴阳角部位应采用角网进行增强处理，避免抹面胶浆因应力集中产生开裂，防止雨、雪水渗入。

⑤ 锚栓的数量应符合设计及相关标准要求；在保温板四角及水平缝中间均应设置锚栓，纵向间距不得大于 300mm，横向间距不得大于 400mm，梅花形布置，基层转角处间距不得大于 200mm，窗洞口四周每边至少应布置 3 个锚栓。

锚栓的有效锚固深度应符合设计及相关标准要求，在混凝土墙中不应小于 35mm，在砌体墙中不应小于 60mm。

⑥ 对 EPS/XPS 板，锚栓的塑料圆盘直径不应小于 50mm；对岩棉板，锚栓的塑料圆盘直径不应小于 140mm。

⑦ 锚栓安装应在第一道抹面胶浆（含耐碱玻纤网）施工完成后进行；锚栓钻孔及安装施工应严格按照其产品说明书的要求进行，对旋入式锚栓，严禁采用锤击敲入的方式安装。

3. 节点处理

节点主要包括外墙变形缝、管道、风管穿外墙、屋面洞口以及外墙金属固定件等，具体做法如图 5-20～图 5-24 所示。

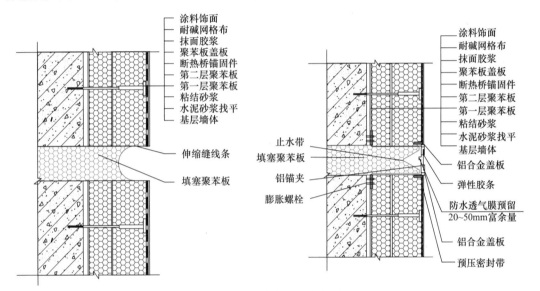

图 5-20　外墙变形缝节点图

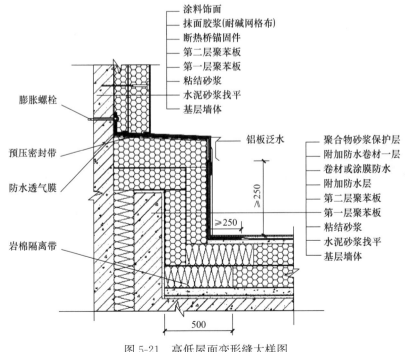

图 5-21　高低屋面变形缝大样图

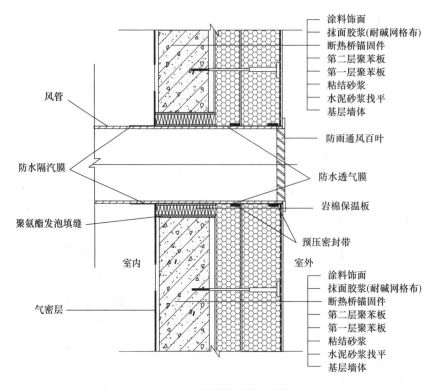

图 5-22　风管穿外墙做法详图

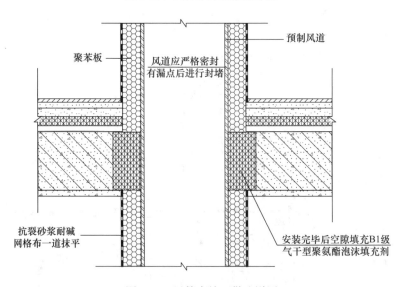

图 5-23　风管穿楼面做法详图

4. 质量管理

（1）外墙隐蔽工程重点检查内容：

1）基层表面状况及处理；

2）保温层的敷设方式、厚度和板材缝隙填充质量；

3）锚固件安装；

4）网格布铺设；

5）热桥部位处理等。

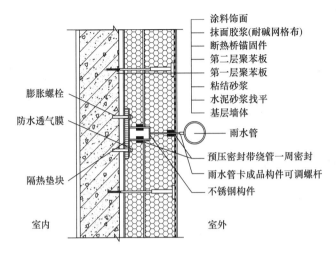

图 5-24　雨水管固定件节点详图

关键质量控制节点如表 5-1 所示。

关键质量控制节点表　　　　　　　　　　　　　　表 5-1

控制点	控制点项目名称	备注
外墙粉刷	挂线、打点	
	平整度、垂直度实测实量复核	留具资料
	渗漏点排查	留具影像资料
保温施工	粘结面积、翻包网、网格布搭接、锚栓施工、洞口处理	隐蔽资料记录并留具影像资料
	热辐射自检	
涂料施工	腻子打磨、平整度、垂直度复核	留具资料

（2）外保温系统的验收

外墙保温板粘贴及抹面胶浆、锚栓安装施工过程中，施工总承包（专业分包）单位严格按照表 5-1 的规定及相关技术标准要求进行自检及工序交接检验，监理单位按下列要求实施对关键施工环节的检查验收：

1）对每一检验批均应严格实施隐蔽验收检查并附影像资料，隐蔽验收内容包括：外墙基层防水及整体找平处理、保温板界面处理、保温板粘结方式及粘结面积率、耐碱玻纤网设置、锚栓规格、位置及有效锚固深度等。

2）每一检验批施工完成后，应随机剥露检查不少于 3 处有代表性的保温板，对保温板粘结方法、粘结面积率、锚栓有效锚固深度等进行验证，并形成书面及影像检查记录。

保温板粘结方法、粘结面积率、锚栓有效锚固深度等检查项目中，若有 1 项不合格，即判定该处检查部位不合格。

对随机剥露检查的 3 处检查部位，若有 2 处及以上不合格，即判定该检验批不合格。若有 1 处不合格，应另外随机抽取 6 处进行检查，若仍有 1 处及以上不合格，则判定该检验批不合格；若另外 6 处全部合格，则判定该检验批合格，同时应对第一次检查所发现的不合格部位进行返工处理。

经检查不合格的，应立即签发相关监理文件，责令施工总承包（专业分包）单位返工重做并重新检查验收。

（3）外保温系统的检测

外墙保温抹面层施工完成后，建设单位应委托具有相应资质的质量检测机构对保温板与基层粘结强度、锚固件锚固力进行现场拉拔试验。

1）锚固件锚固力的现场拉拔试验应按每 3 层外墙为一个检测批，对不同基层的墙体，当该 3 层外墙面积不大于 1000m^2 时，应随机抽取 3 个测点；当该 3 层外墙面积大于 1000m^2 时，每增加 500m^2 加测 1 点，增加面积不足 500m^2 时按 500m^2 计算。每层应至少抽取 1 个测点，上下层测点应在不同外墙面抽取。本条所指外墙面积为每层外墙所有立面的正投影面积之和，不扣除外窗洞口面积。

保温板与基层粘结强度现场拉拔试验，每个单位工程每种类型的基层墙体的检测不少于一组，每组不少于 5 处。

2）现场检测前，检测机构应根据工程设计文件、标准规范、检测合同，编制检测方案，并经检测机构技术负责人审批同意及委托方确认。检测机构应至少提前 5 个工作日将检测计划告知监督机构。

3）现场测点应编号，形成示意图。测点布置、检测过程等应留影像记录。监理单位应按规定见证检测，对测点布置示意图、检测原始记录应及时签字确认。

4）检测机构的检测方案、测点布置示意图、检测影像记录应与检测原始记录、检测报告一并归档保存。检测机构出具的检测报告应注明实测值。不合格报告应及时上报监督机构。

5.1.2 屋面保温系统施工技术

良好的屋面保温系统是实现被动式节能建筑的重要组成部分。为保证保温系统的完整性，屋面保温层需覆盖屋面所有结构，且与外墙保温系统连为一体。同时，为了保证保温系统的有效性，尚需高品质的防水材料对屋面保温层进行安全包裹，防止雨水或湿气的进入而影响屋面保温系统的保温效果。

本书以屋面保温层为 300mm 厚模塑聚苯板为例。施工上采用 150mm＋150mm 两层错缝铺设，屋面防火隔离带采用玻化微珠防火保温板。陶粒混凝土找坡，隔汽层为 1.2mm 厚耐碱腐蚀铝箔面层 SBS 改性沥青防水卷材（$SD \geqslant 1500m$），防水层为 4mm＋3mm 厚自粘聚合物改性沥青聚酯胎防水卷材，防水等级为一级，防滑面砖面层，具体做法如 5-25 所示。

1. 屋面保温系统施工

（1）施工流程

施工准备→基层处理及出屋面风井、管道等根部处理→隔汽层铺设→第一层保温板施工→第二层保温板施工→第一层防水层施工→第二层防水层施工→验收。

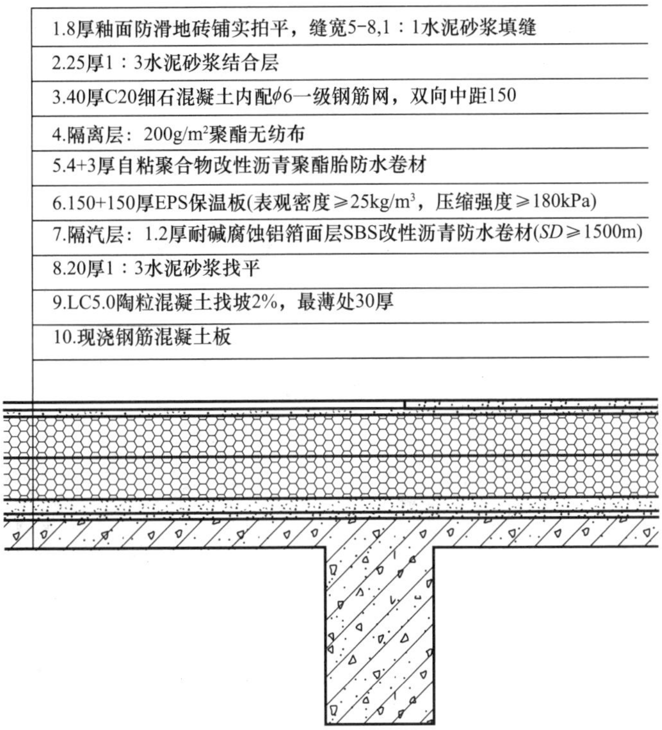

1.8厚釉面防滑地砖铺实拍平，缝宽5-8,1：1水泥砂浆填缝
2.25厚1：3水泥砂浆结合层
3.40厚C20细石混凝土内配φ6一级钢筋网，双向中距150
4.隔离层：200g/m²聚酯无纺布
5.4+3厚自粘聚合物改性沥青聚酯胎防水卷材
6.150+150厚EPS保温板(表观密度≥25kg/m³，压缩强度≥180kPa)
7.隔汽层：1.2厚耐碱腐蚀铝箔面层SBS改性沥青防水卷材(SD≥1500m)
8.20厚1：3水泥砂浆找平
9.LC5.0陶粒混凝土找坡2%，最薄处30厚
10.现浇钢筋混凝土板

图 5-25　屋面保温系统做法示意图

屋面保温层施工时，基层必须保持干燥。尽量避免在雨期施工。

（2）施工准备

1）材料准备

进场的材料验收合格，检测复试合格。材料外观无损坏，尺寸误差在允许范围之内。

2）施工机具准备

主要施工机具，如外接电源设备、2m靠尺、壁纸刀、手锯、手持电热丝切割机、卷尺、拉线、弹线墨斗、发泡枪等。施工用劳动防护用品、安全帽、手套等，准备齐全。

（3）施工要点

1）基层处理

首先清理基层，将基层表面的泥土、浮浆块等杂物清理干净。突出屋面的管道、风井等根部进行检查，清除模板、钢丝等。对雨水口和其他孔洞临时进行封堵。屋面避雷带的焊接和埋设。

基层要平整、干净、干燥，无开裂，含水率符合规范要求。如果基层开裂，要用聚氨酯进行灌缝处理。

2）隔汽层施工

隔汽层采用 1.2mm 厚耐碱腐蚀铝箔面层 SBS 改性沥青防水卷材（$SD \geq 1500m$），主要是保证屋面的气密性，同时也起到防水层的作用，防止基层内湿气进入到保温层内而降低保温效果。女儿墙和出屋面管道、设备基础顶部也必须覆盖隔汽层，以保证屋面气密性效果，如图 5-26 所示。

① 涂刷冷底子油。屋面先在基层上涂刷冷底子油，注意基层干燥。

② 隔汽层为带铝箔的自粘防水卷材，直接粘结在基层上，搭接宽度不小于 8cm。

③ 纵向搭接宜在波峰位置，接缝和收边部位都要压实密封。

④ T 形接头须做 45°斜角，搭接形成的不平应采用胶带或者热烘烤方式使其平整。

⑤ 隔汽层沿墙面向上翻过女儿墙下延 350mm。

⑥ 穿过隔汽层的管线周围应封严，转角处应无折损，隔汽层凡有缺陷或破损的部位，均应进行返修。

图 5-26　隔汽层施工

3）保温层施工

屋面保温层厚度为 300mm，保温聚苯板规格为 600mm×1200mm，分 150mm＋150mm 两层铺设，保温板与基层之间以及两层保温板之间采用专用 PU 胶粘剂错缝铺设。

作业条件：

① 屋面隔汽层已经施工完毕，在墙面和管道上弹好＋50cm 水平线，设置控制面层标高和排水坡度的水平基准线。

② 将基层打扫干净，使基层达到表面平整、洁净且无积水现象。

③ 在隔汽层按保温板尺寸弹线，每隔 3～4 块的距离弹一道控制线，并将控制线引至女儿墙的底部。弹线由分水线向两边进行，宽度符合保温板的模数，铺砌时便按照弹线位置施工。

2. 屋面保温系统施工工艺

PU 专用胶为预发泡聚氨酯，装在专用的塑料瓶内。预发泡胶具有 80％的预发泡，使用时具有较小的发泡膨胀能力，能保证粘贴保温板时产生较小的膨胀变形，减少板与基层和板与板之间的缝隙。使用时，用力摇晃专用胶粘剂，安装到胶枪上。

为了确保保温板与基层以及板与板之间具有可靠的粘结强度，在每平方米面积上至少挤出三股均匀一致的粘结胶条（分股直径约为 30mm）。

如果保温板具有梯形片型材，必须施工在上凸缘的最高点，同时需重新计算粘合剂股喷涂股数，必要时还要进行加强处理。

第一层保温板干铺紧靠在基层表面上，应铺平垫稳，两层保温板分层铺设，第一层保温板错峰铺设，板缝要错开 1/3 板宽，保温板缝隙大于 1mm 时，要用发泡聚氨酯或同等材料进行填塞，如图 5-27 所示。第一层保温板铺贴完毕后，进行平整度和外观检查，验收合格后进行第二层铺贴。第二层保温板采用同第一层保温板方法铺设，板缝要与第一层板缝错开 1/3 板宽，如图 5-28 所示。

图 5-27　第一层保温板施工

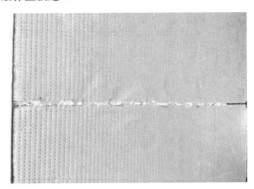

图 5-28　第二层保温板铺设及板缝处理

保温板铺设完毕后，要进行粘接质量和平整度检查，对于空鼓、翘曲、变形的板材要更换修复。平整度超出验收标准的要进行打磨、修整。

保温层的质量标准：板状保温材料的质量，应符合设计要求。要检查出厂合格证、质量检验报告和进厂复试检验报告。保温层的厚度为 150mm＋150mm，应符合设计要求，其正偏差不限，负偏差应为 5%，且不得大于 4mm。出屋面管道、风井、避雷带、设备基础等屋面热桥部位处理应符合设计要求。

板状保温材料铺设应紧贴基层，应铺平垫稳，拼缝应严密，粘贴应牢固。

板状材料保温层表面平整度的允许偏差为 5mm，接缝高低差的允许偏差为 2mm。

屋面保温系统节点处理如图 5-29～图 5-32 所示。

3. 防水卷材施工

屋面防水层采用 4mm＋3mm 厚自粘聚合物改性沥青聚酯胎防水卷材，本防水卷材采用德国技术，是一种优质的弹性改性沥青自粘防水卷材，采用抗撕拉加强胎基，下表面为改性沥青本体自粘胶，上表面为 PE 保护膜及搭接边自粘保护膜。也是一种简单经济的冷自粘防水卷材，搭接边自粘保护膜在上表面，使安装简单易行，并且具有良好的相容性和粘结性能，并可以直接与保温板粘结。

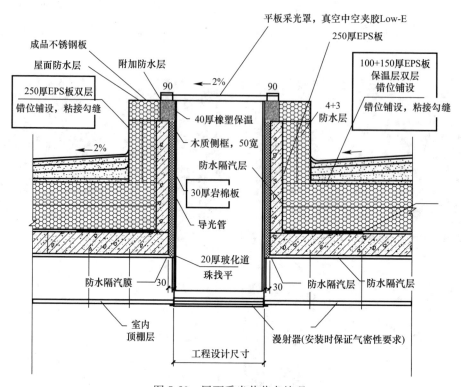

图 5-29　屋面采光井节点处理

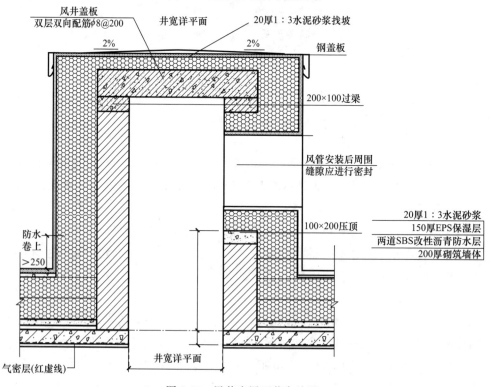

图 5-30　风井出屋面节点处理

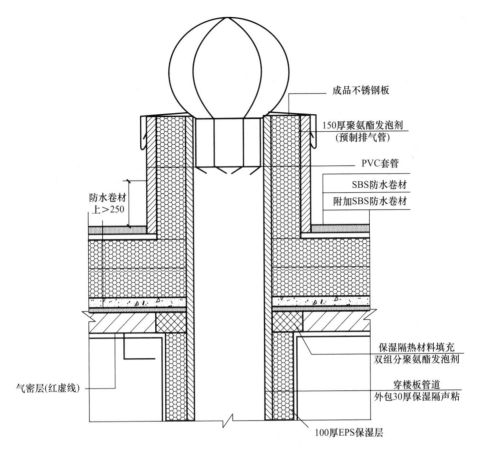

图 5-31 排水通气管出屋面节点处理

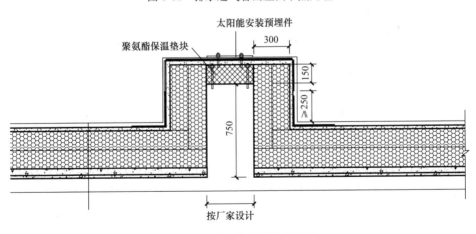

图 5-32 太阳能基础节点处理

屋面防水层与隔汽层形成一个严密的封闭系统，完全把屋面保温层包裹，防止雨水或湿气进入保温层而降低保温效果。施工时，需精细化施工，严格按节点施工。

在檐沟、女儿墙、管根、阴阳角等细部先做附加层，附加层宽度每边 250mm。附加层以屋面最高处上返 250mm 在女儿墙及高出屋面部位弹水平线为卷材铺贴高度线。水落斗周围与屋面交接处，应做密封处理，并加铺一层附加层，附加层和防水层深入水落口杯内不得小于50mm，并应粘结牢固，如图5-33所示。

图5-33　附加层施工

（1）第一层防水卷材施工

第一层防水卷材为3mm厚自粘隔火防水卷材，防水卷材安装时通过揭去底层和搭接边的自粘胶保护膜直接与基层粘结。搭接至少需8cm（长向10cm，短向8cm），在末端需45°切下一个小角，如图5-34所示。

图5-34　防水卷材施工

铺贴卷材宜平行于屋脊铺贴，平行于屋脊的搭接缝应顺流水方向搭接。同一层相邻卷材的搭接不小于80mm，相邻两幅卷材短边搭接缝错开不应小于500mm，上下层卷材长边搭接缝应错开，且不小于幅宽的1/3。

被动式屋面气密层沿女儿墙上至女儿墙顶，被动式屋面4mm＋3mm防水卷材沿女儿墙保温层外翻至女儿墙外部下翻350mm。

卷材向前滚铺、粘贴，搭接部位应满粘牢固，铺贴时先平面后立面。铺贴平面立面相接茬的卷材，由下向上进行，使卷材紧贴阴阳角，不得有皱折和空鼓等现象。

在温度较低时，自粘型防水卷材可采用辅助加热的方式进行铺设，注意不要破坏保温层。如图 5-35 所示。

图 5-35　第一层防水卷材施工

（2）第二层防水卷材施工

第二层防水卷材为 4mm 厚板岩面改性沥青防水卷材，是热熔型卷材，可采用喷灯热熔焊接安装，应完全热熔铺设在底层卷材上，长边及短边搭接均应大于 8cm。

第二层防水卷材铺设方式同第一层，两层防水卷材搭接边不小于 1/3 卷材宽度。

叠层铺设的各层卷材，在天沟与屋面的连接处应采用叉接法搭接，搭接缝应错开；接缝宜留在屋面或天沟侧面，不宜留在沟底，如图 5-36 所示。

蓄水或淋水试验：防水层铺设完成后，至少放 25mm 深（最高点）的水进行 24h 试验，并堵住所有的出水口，经确认没有渗漏后，办理隐检及蓄水试验手续。若现场无条件蓄水，可在雨后或持续淋水 2h 后检查屋面有无渗漏、积水，并检查排水系统是否畅通，经确认没有渗漏后，办理隐检及淋水试验手续。

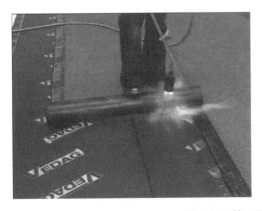

图 5-36　第二层防水卷材施工

4.防水工程质量要求

卷材防水层所用卷材及其配套材料，必须符合设计要求。

卷材防水层不得有渗漏或积水现象。

卷材防水层在天沟、檐沟、檐口、水落口、泛水、变形缝和伸出屋面管道的防水构造，必须符合设计要求。

卷材防水层的搭接缝应粘（焊）结牢固，密封严密，不得有皱折、翘边和鼓泡等缺陷；防水层的收头应与基层粘结并固定牢固，缝口封严，不得翘边。

卷材防水层上的撒布材料和浅色涂料应铺撒或涂刷均匀，粘结牢固；水泥砂浆、块材或细石混凝土保护层与卷材防水层间应设置隔离层；刚性保护层的分格缝留置应符合设计要求。

排汽屋面的排汽道应纵横贯通，不得堵塞。排汽管应安装牢固，位置正确，封闭严密。

卷材的铺贴方向应正确，卷材搭接宽度的允许偏差为－10mm。

（1）屋面保温施工要点：

1）屋面保温施工应选在晴朗、干燥的天气条件下进行；

2）施工前，应对基层进行清理，确保基层平整、干净；

3）防水层施工前，应对施工部位保温材料进行保护，防止降水进入保温层；

4）隔汽层施工时，应注意保护，防止隔汽层出现破损，影响对保温层的保护效果；

5）对管道穿屋面部位也应进行封堵，确保封堵严密。

（2）质量标准

屋面隐蔽工程重点检查内容：

1）基层表面状况及处理；

2）保温层的敷设方式、厚度和板材缝隙填充质量；

3）屋面热桥部位处理；

4）隔汽层设置；

5）防水层设置；

6）雨水口部位的处理等。

（3）质量检查

1）保温材料的强度、密度、导热系数和含水率等必须符合设计要求和现行国家标准《屋面工程质量验收规范》GB 50207等规定。

2）找平层采用1:3水泥砂浆，配置时严格按配比进行，所用原材料及配合比必须符合设计要求和施工规范的规定。

3）找平层的坡度必须符合设计要求。

4）防水卷材的规格、性能、配合比必须达标，并有合格的出厂证明材料。

5）防水层不得有渗漏和积水现象。

6）细部防水构造必须符合设计要求和规范要求。

7）屋面施工时，各道工序完成后，必须经过验收并办理相应手续方可进入下一道工序。

8）保温材料应紧贴基层铺设，铺平垫稳，拼缝严密。

9）突出屋面的管道和阴阳角等部位做成圆弧形，圆弧半径 $R=50$mm，水落口周围500mm 范围内应做成略低的凹坑。

10）找平层无空鼓、起砂，表面平整，用2m长直尺检查，直尺与基层间隙不应超过5mm，阴阳角要弧形或钝角。

11）防水卷材铺附加层接头要嵌牢固。

12）卷材粘结要牢固，无空鼓、损伤、滑移翘边、起泡、皱折等缺陷。

13）卷材的铺贴方向正确，搭接宽度允许偏差为－10mm。

（4）质量验收

屋面保温工程施工时，应建立各道工序的自检、交接检和专职人员检查的"三检"制度。每道工序完成，应经监理单位（或建设单位）检查验收，合格后方可进行下道工序施工。

应按工序或分项工程进行验收，构成分项工程的各检验批应符合相应质量标准的规定。

5. 出屋面结构保温系统做法

对女儿墙、管井、风井、设备基础等突出屋面的结构体，其保温层应与屋面、墙面保温层连续，不得出现结构性热桥，见图5-37。

根据被动式建筑整体保温性能的要求，女儿墙内外均增加保温层，厚度同外墙保温层厚度。隔汽层、卷材防水层均翻至女儿墙顶，把保温层完全包裹住。同时，女儿墙、安装管井、风道出风口等薄弱环节，宜设置金属盖板，以提高其耐久性，金属盖板与结构连接部位，应采取避免热桥的措施。金属盖板压顶向内排水坡度满足规范要求5％，下端做鹰嘴。

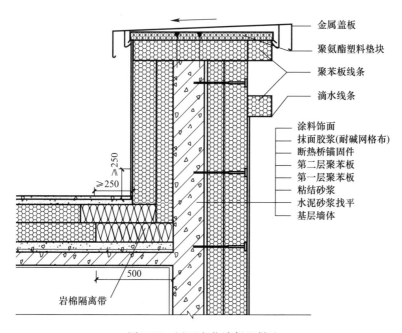

图5-37　屋面女儿墙保温做法

6. 变形缝保温做法

屋面变形缝两侧保温做法同女儿墙做法。另外，为保证保温效果，减小热桥的产生，变形缝内填塞保温材料，保温材料深入变形缝内不小于1000mm。对于较小的变形缝，可采用喷射保温材料的做法，缝隙要填塞密实，填塞深度不小于 1000mm。

变形缝处防水要交圈，不得有渗漏和积水现象，如图 5-38、图 5-39 所示。

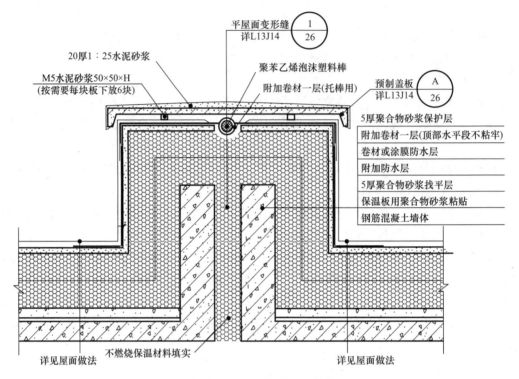

图 5-38　平屋面变形缝保温做法

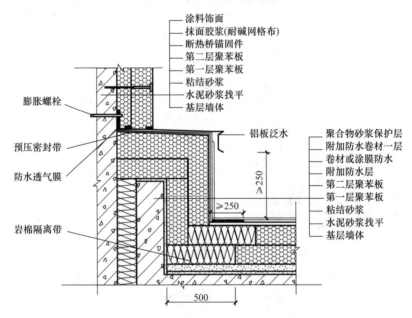

图 5-39　高低跨屋面变形缝保温做法

7. 出屋面管井、管道节点做法

伸出屋面的风井、管道也要做保温处理。对于伸出屋面的风井，其保温做法同屋面女儿墙，同时防水要翻到风井顶部盖板，交圈处理，防止雨水渗透。伸出屋面外的管道应设置套管进行保护，套管与管道间应设置保温层，管道与套管间采用发泡聚氨酯填塞密实，厚度不小于 200mm，高度不小于 800mm，顶端做好防水处理，如图 5-40、图 5-41 所示。

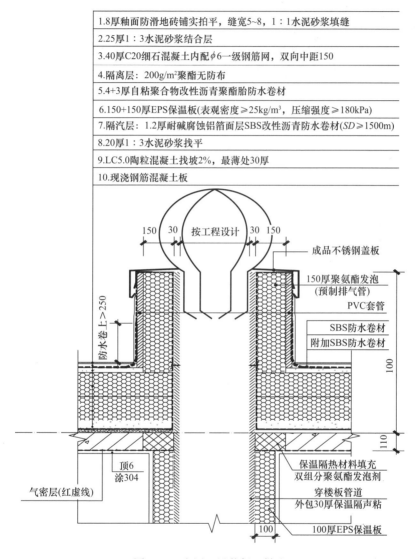

图 5-40　出屋面风井保温做法

5.1.3　楼地面保温系统施工技术

1. 设计概况

楼地面为保温地面，其中首层地面为 150mm 厚聚苯板保温地面，首层以上楼面为 30mm 厚聚苯板保温楼面。同时，为保证楼地面整体保温性能，保温板上下铺设塑料薄膜作为防潮层，严密地包裹住保温层，防止水分或湿气的进入。

图 5-41 出屋面风井保温实施效果

2. 楼地面做法

（1）首层地面做法

1）彩砂耐磨地面整体面层；

2）40mm 厚 C20 细石混凝土找平压光；

3）0.4mm 厚塑料薄膜浮铺；

4）150mm 厚 EPS 保温板；

5）0.4mm 厚塑料薄膜浮铺；

6）20mm 厚 1：3 水泥砂浆找平；

7）素水泥浆一道；

8）垫层。

（2）首层以上楼面做法

1）彩砂耐磨地面面层；

2）40mm 厚 C20 细石混凝土找平压光；

3）0.4mm 厚塑料薄膜浮铺；

4）30mm 厚 EPS 保温板；

5）0.4mm 厚塑料薄膜浮铺；

6）20mm 厚 1：3 水泥砂浆找平；

7）素水泥浆一道；

8）现浇混凝土楼板。

3. 楼地面保温地面施工工艺

（1）施工工艺

基层处理→水泥砂浆找平→浮铺塑料薄膜→铺设保温板→浮铺塑料薄膜→浇筑细石混凝土。

（2）基层处理

楼地面基层凸起物要铲除，钢筋割除，垃圾清理干净。

（3）水泥砂浆找平

基层清理完毕后，先刷一遍素水泥砂浆，然后进行砂浆找平。注意要在墙柱上弹好控制线，在找平的过程中控制好标高。

（4）浮铺塑料薄膜

待水泥砂浆找平层干燥后即可浮铺塑料薄膜。塑料薄膜沿长方向依次展开，搭接宽度不小于 100mm，铺设完毕后用胶带进行封闭处理。

（5）铺设保温板

铺设保温板前先进行排版，合理进行裁割，减少材料的浪费。铺设时从房间一层开始，错缝铺设，挤压严实，尽量不留缝隙错缝宽度不小于板宽的 1/3，如图 5-42 所示。

对于板缝之间缝隙小于 2mm 的，可用发泡聚氨酯填塞密实；对于较大的板缝，可用同种材料进行填塞。凸出楼地面的管线、开关等，预先进行裁割，顺着管线和开关铺设，务必填塞密实、无缝隙。

图 5-42 一层地面及二层以上楼面保温板铺设

（6）浮铺塑料薄膜

保温板铺设完毕后进行检查，处理好缝隙，即可进行塑料薄膜铺设。塑料薄膜的搭接边要与板缝错开。塑料薄膜铺设完毕后，用胶带沿搭接边进行封闭处理，防止浇筑混凝土时进入水和混凝土，如图 5-43 所示。

图 5-43 浮铺塑料薄膜

塑料薄膜铺设完毕后，应及时浇筑混凝土。

4. ＋0.000 以下结构保温系统施工技术

严寒和寒冷地区地下室外墙外侧保温层应与地上部分保温层连续，并应采用防水性能好的保温材料；地下室外墙外侧保温层应延伸到地下冻土层以下，或完全包裹住地下结构部分。

地下室外墙外侧保温层内部和外部宜分别设置一道防水层，防水层应延伸至室外地面以上适当距离。

严寒和寒冷地区地下室外墙内侧保温应从顶板向下设置，长度与地下室外墙外侧保温向下延伸长度一致，或完全覆盖地下室外墙内侧，如图 5-44 所示。

无地下室时，地面保温应与外墙保温应尽量连续、无热桥。

局部有地下室，其余部分为独立基础，为保证整体保温效果，满足被动式节能建筑的技术要求，＋0.000 以下部分尚需做保温层。

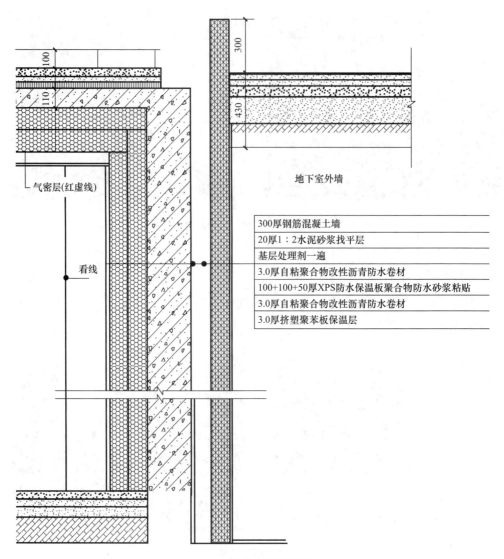

300

100

110

气密层(红虚线)

看线

300

430

地下室外墙

300厚钢筋混凝土墙
20厚1：2水泥砂浆找平层
基层处理剂一遍
3.0厚自粘聚合物改性沥青防水卷材
100+100+50厚XPS防水保温板聚合物防水砂浆粘贴
3.0厚自粘聚合物改性沥青防水卷材
3.0厚挤塑聚苯板保温层

图 5-44　有地下室外墙保温节点

其中有地下室部分外墙保温需延伸到筏板部位，同时，在保温板里外均做一层 3mm 厚聚氨酯防水卷材，以满足地下室防水的要求，同时地下室外保温系统完全被防水卷材包裹，防止地下水进入保温层中而降低保温效果，最外侧防水层外砌筑砖墙或用 50mm 挤塑板进行保护。

无地下室外墙勒脚处，应从基础底部外侧粘贴 2 道 SBS 防水卷材，向上铺至室外地坪正负零往上 400mm 高，保温板采用 XPS，粘结不能使用砂浆，使用聚氨酯发泡胶。保温板外侧粘贴 1 道 SBS 防水卷材向上铺至室外地坪正负零往上 300mm 高，外侧防水卷材进行平收头，与内侧防水自粘收头 100mm。防水外侧砌筑保护砖墙。有外廊的部分，考虑到鲜有雨水会冲刷勒脚位置，可不做防水处理，如图 5-45 所示。

首层外门出入口下保温层需与室内楼地面保温层相连，同时结合外门的构造，增加隔热垫块，以减少热桥的产生，如图 5-46 所示。

图 5-45　无地下室外墙勒脚保温系统施工

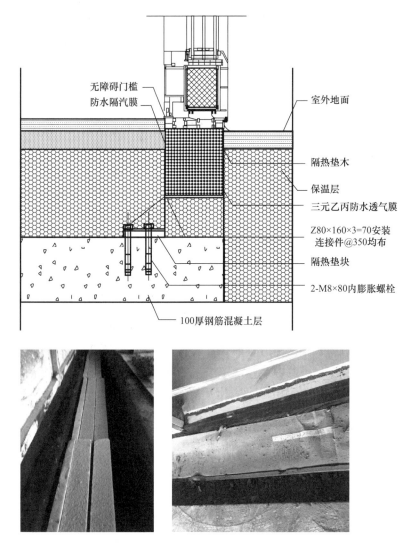

图 5-46　首层外门节点施工

5.2 门窗施工技术

5.2.1 高性能建筑外窗安装施工技术

1. 外窗安装的难点

（1）外挂式整体安装、无热桥施工，气密性处理、增加防水隔汽膜和防水透气膜工序。

（2）被动式超低能耗绿色建筑在国内尚无成熟施工规范和工艺标准。

（3）为减少热桥效应，被动式超低能耗绿色建筑外窗设计设置在外墙保温层，利用角钢外挂在墙体外侧。由于外窗自重较大，且外挂施工，对外墙产生较大拉力足以拉裂外墙，造成质量、安全事故，影响被动式超低能耗绿色建筑气密性要求指标。因此外窗外侧四周均设构造柱，且与过梁、压顶配筋后整体浇筑（尺寸、配筋需设计单位计算后出具有效深化设计图纸）。

（4）外窗安装施工中，角钢、防腐托木等连接件与外墙均加设隔热垫块。固定节点采用无热桥的连接方式，以减少室内外的热传导而降低保温效果。

（5）外窗安装施工对该建筑气密性影响很大，提高窗自身气密性是保证被动式建筑整体气密性的关键。外窗室内增加防水隔汽膜，室外增加防水透气膜工序施工。

2. 工艺流程及操作要点

工艺流程：测量放线→规范洞口→安装固定件→室内隔汽膜粘贴于主框上→整窗安装→粘贴室外防水隔汽膜→固定件处粘贴防水布→清理室内窗台→填充发泡胶→粘贴室内隔汽膜→安装窗台板。

施工机械、设备：吊篮、冲击钻、焊机、搅拌器、刮刀、扳手、手锯、腻子铲、密封胶胶枪、红外线水平仪、经纬仪、水平尺、钢卷尺、皮锤、墨斗、线坠。

（1）测量放线

以建筑标高线、墙体控制线及轴线为基准，根据施工图纸要求确定主框安装位置。

根据轴线位置采用经纬仪沿建筑物标高引测窗洞口左右控制线。

根据建筑标高线引出主框安装的标高线，确定主框的安装标高。

根据墙体进出线引窗口下侧两点，确定主框的进出位置。

外墙大面积抹灰后，弹出每层水平线、平窗中线（或窗边线）及洞转角窗的转角线，复核洞口尺寸，检查洞口质量，对不合格洞口及时进行处理。

（2）规范洞口

由于整体安装外窗自重较大，外窗对于外墙的拉力要满足荷载要求，因此外窗四周均采用混凝土整体浇筑（可结合圈梁构造柱），混凝土强度等级一般不小于C30，宽度不小于300mm。

严格把控洞口尺寸及位移偏差，偏差过大将会导致洞口内侧防水隔汽膜粘贴不平整、褶皱、空鼓，影响气密性指标要求，且后期收口抹灰空鼓、开裂。

外窗安装前将洞口浮浆、灰尘清理干净，保证室内防水隔汽膜粘贴牢靠。门窗洞口质量控制及检验方法如表 5-2 所示。

门窗洞口质量控制及检验方法

表 5-2

序号	项目		允许误差（mm）	检验方法
1	轴线位移		10	用尺检查
2	垂直度	≤3m	5	用脱线板或吊线、尺检查
		>3m	10	—
3	表面平整度		8	用靠尺和楔形尺检查
4	门窗洞口高、宽		±10	用尺检查
5	外墙上、下窗口偏移		20	用经纬仪或吊线检查

（3）安装固定件

根据放线标出的洞口边线，按照固定件布置原则，先将固定件固定在洞口四周，下侧为主要承重件，注意固定件一定要固定牢固，位置准确。

外窗框两侧、底部及顶部采用 L 形金属固定件外挂，固定件靠墙侧用拉爆螺栓固定于窗洞口混凝土结构上，靠窗侧采用窗配套螺丝固定外窗；外窗底部采用防腐木块支撑。

窗框四周用角铁固定，上部固定点距窗框上梃不大于 180mm，下部固定点距下梃不大于 600mm，固定点中间距离不得大于 700mm，或在规范规定的范围以内。外窗主框与结构之间采用金属固定件连接，采用 $\Phi 10 \times 100$ 拉爆螺栓固定，金属固定件与墙体之间采用 PVC 隔热垫片，以减少热桥效应，如图 5-47 所示。

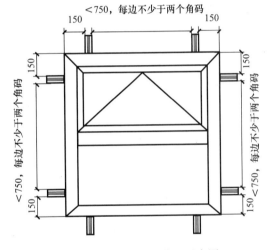

图 5-47　外窗固定件位置示意图

（4）粘贴防水隔汽膜

外窗安装前，提前把室内隔汽膜粘贴于主框上，室内防水隔汽膜粘贴窗套宽度不小于 30mm，应连续交圈粘贴。粘贴时，先从一边的中间位置开始张贴，做成一个环状，搭接长度约为 40mm（注意窗框和洞口的大小关系），周圈搭接长度不小于 50mm。

（5）整体安装窗

窗框的进出线应按图纸要求的位置确定，然后将窗的下水平找好固定，放置防腐木，外窗安装到位后，调整窗框的垂直度、水平度、对角线和窗框宽度、高度等。窗框安装在正确位置后，确定窗框的三维垂直度及标高，同时沿外墙拉水平通线进行出墙面距离控制，然后通过脚件的通长孔，将窗框预固定。再进行三维的垂直度校核，确认无误后，在定孔处将窗框固定好。

外窗主框安装窗框的安装位置由安装人员根据已放出的墨线用钢卷尺测定，开启方向必须符合设计要求，窗框与预埋件固定，水平度用水平尺校验，用钢卷尺测量窗框对角线保证槽口对角线差小于或等于 1.5mm。当主框与墙体间的缝隙小于 3cm 时，采用发泡剂填充或采用预压膨胀密封带封堵，单层预压密封带自膨胀后厚度可达25mm；当主框与墙体间缝隙大于3cm时，需用水泥砂浆处理后再打发泡胶进行处理，如图5-48所示。

外窗固定件与墙体间设置隔热垫块，以阻断热桥，固定件、防腐托木采用拉爆型螺栓固定，螺栓入墙深度不得小于80mm，固定后逐个检查是否牢靠，混凝土结构是否开裂，窗框是否破损，如图5-49、图5-50所示。

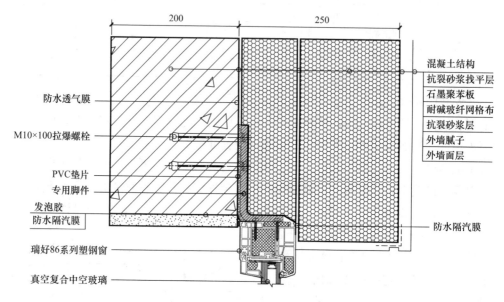

图 5-48　外窗安装施工节点剖面

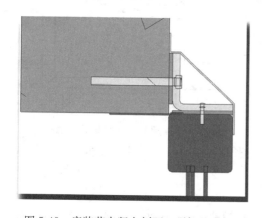

图 5-49　安装节点竖向剖面（顶部及两侧）

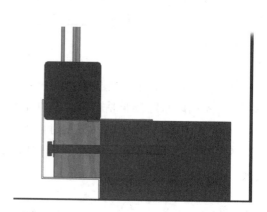

图 5-50　安装节点竖向剖面（底部方木固定）

（6）室外防水透气膜粘贴

施工前应将洞口结构找平，将防水透气膜与窗框及门框搭接，应用防水透气膜直线泛水密封，转角处应用防水透气膜曲线泛水密封。密封处与窗框及门框粘结宽度不小于2cm，转角处粘结宽度不小于10cm。安装顺序为：窗框下部→窗框下部转角→窗框的侧框→窗框的上部转角→窗框的上部→密封。固定件四周采用加宽透气膜的方式进行覆盖，如图5-51所示。

（7）固定件处粘贴防水布

防水透气膜在固定件处无法一次性覆盖住，采取打补丁的方式进行覆盖，要求各边超出固定件不小于 30mm，如图 5-52 所示。

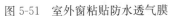

图 5-51　室外窗粘贴防水透气膜　　　　　图 5-52　固定件处加强处理

（8）清理室内窗台

外窗框安装完毕后，室内窗台要清理干净，扫除浮灰，铲净砂浆，对于窗台不平整、开裂等问题，要用水泥砂浆进行找平处理，阴阳角要顺直、光滑。

（9）粘贴室内隔汽膜

外窗套固定后将室内防水隔汽膜剩余部分采用专用胶粘贴至室内窗洞口混凝土结构上，角部要做折角处理，使得侧边覆盖下口，上侧覆盖侧边，要求粘贴牢靠、无空鼓。粘贴时，不要用力拉扯防水隔汽膜，要使其处于松弛状态，如图 5-53 所示。

图 5-53　室内粘贴防水隔汽膜

室内防水隔汽膜应整体连续不间断，如出现角部有缝隙或其他情况时，应及时"打补丁"补粘，如图 5-54 所示。

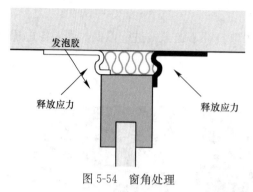

图 5-54 窗角处理

（10）安装窗台板

室外透气膜安装完毕后，检查透气膜有无破损、空鼓，若有破损、空鼓或粘贴不牢的地方重新粘贴处理，然后安装窗台板。安装窗台板时注意不要破坏透气膜，窗台板坡度向外，坡度 5%。窗台板与窗框交接处用密封胶进行打胶处理，确保严密。窗台板下与外墙保温板相交处填塞预压密封带处理，如图 5-55 所示。

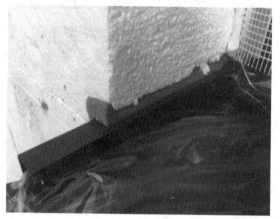

图 5-55 窗台板密封处理

（11）外墙收口

外墙保温层尽可能多地覆盖外窗框，以减少窗框的热桥效应，窗框外露尺寸不大于 30mm，保证气密性及保温效果，保温层与窗框之间粘贴窗连接线，如图 5-56 所示。

图 5-56 门窗连接线安装

（12）室内外封胶处理

在内外墙收口完毕后、条件具备时即进行密封胶工作。首先将窗框的保护膜、窗框及洞口的水泥、沙石等清理干净；胶面宽度应视窗框与洞口的缝隙而定，如缝隙小时，应尽量缩小胶面宽度；密封胶打出后应确保其密实、均匀、胶面由上到下、由左到右，应确保宽窄的一致性。

（13）调整、清洗

在最后清理建筑物时方能清除粘贴的胶纸，并用清洗液清洗主框及玻璃。

窗框清除保护胶纸后，露于室外的窗框边用业主认可的建筑胶粘剂进行密封，注意密封胶不得污染窗框及玻璃，对开启扇配件应加润滑剂润滑。

对未能满足验收要求的五金配件、开启扇进行调整或更换，直到达到工程验收标准。

在确认窗框保护胶带已清除干净，外墙界面无任何杂质或污染后，于塑钢窗框同外墙接缝处满打防水胶一道，要求粘结牢固密实，厚度美观一致，表面无杂质；密封胶的截面宽度控制在 15～20mm。

窗扇安装要求周边密封严实、开闭灵活，窗框安装扇部位应安塞密封条。

3. 外窗安装要点

（1）外窗安装可分为以下步骤：

1）检查外窗结构洞口是否符合要求，如不符合要求，应修整处理，确保变差在允许范围之内；

2）外挂安装窗户，外挂专用金属支架安装应牢固并能调整，窗框与支架连接时，应保证窗户垂直平整且牢固可靠；

3）在窗框与结构墙间的缝隙处可装填预压自膨胀缓弹海绵密封带进行密封处理；

4）在窗框与结构墙结合部位进行防水密封处理；

5）安装外墙保温板，保温板外侧应加装网格布，并采用抗裂聚合物砂浆抹平；

6）在顶部设置专用成品滴水线。

（2）外窗应采用专用金属支架固定，固定位置和间距按设计要求和有关标准执行；当外窗较大时，应在外窗底部增加金属支架，确保安装牢固。

（3）外窗洞口与窗框在室内侧宜粘贴隔汽膜，室外侧宜采用防水透气膜处理。

（4）外窗安装时，应最大限度减少外窗框的热桥损失。外墙保温层应尽可能地多包住窗框，窗框未被保温层覆盖部分宽度不宜超过 30mm，如开启扇外侧安装纱窗，应留出纱窗安装位置。保温板包窗框外边缘部位宜用专用成品连接件进行连接，保证窗框与保温层的牢固连接和密封。

（5）外窗口保温层做薄抹灰面层时，应在窗口四角处多加一层网格布，加强保护；窗口顶部安装预制成品滴水线，阳角部位宜安装护角条。

（6）窗台板安装时，其向外的坡度不宜小于 5%。

4. 安装质量检测验收

（1）密封胶缝宽度符合要求，填嵌密实，平整光滑；保温有防潮措施，填塞饱满；窗型材、玻璃表面洁净，划痕、划伤符合规范要求；玻璃安装牢固，玻璃嵌入符合要求，橡胶条或密封胶镶嵌密实，平整光洁、美观；窗安装封闭严密，开关灵活，附件齐全，安装牢固，开启角度符合要求；密封条装配后应均匀、牢固；接口应粘结严密、无脱槽现象。

（2）外窗工程进行验收前，建设单位应组织施工总承包单位、监理单位制定《外窗淋水试验方案》，确定抽样数量、试验方法及验收标准等，单位工程抽样数量宜不少于外窗总樘数的10％且不少于3樘，应重点抽查阳台外窗、飘窗及居室外窗，且应均匀分布；分包单位应在监理单位见证下按《外窗淋水试验方案》进行外窗淋水试验，淋水试验不合格的，分包单位应对不合格外窗及同一使用部位的外窗进行检查整改，并重新进行淋水试验，直至合格。施工总承包单位、监理单位应形成外窗淋水试验记录，并留存外窗淋水试验影像资料。

（3）外窗淋水试验合格后，安装单位应委托有资质的检测单位，在建设单位、监理单位、总承包单位、安装单位的见证下随机抽取外窗对其气密性能、水密性能进行现场实体检测。单位工程抽样数量为同一厂家、同一品种、同一类型外窗各2组6樘，应重点抽取居室中不同规格尺寸的外窗，且应均匀分布。对抽检不合格的外窗，直接判定为不合格，由建设单位组织设计、施工总承包、监理单位及外窗生产企业分析原因，并提出整改处理意见，分包单位应对抽检不合格外窗及同规格尺寸的外窗按整改处理意见进行整改，整改完成后重新委托检测单位对抽检不合格的外窗及同规格尺寸外窗随机抽检1组3樘进行实体检测，合格后方可进行验收。

（4）质量控制。外窗隐蔽工程重点检查内容包括：外窗洞的处理；外窗安装方式；窗框与墙体结构缝的保温填充做法；窗框周边气密性处理等。

5. 外窗质量控制标准

（1）安装工程的窗质量应符合现行国家标准《建筑装饰装修工程质量验收标准》GB 50210的有关规定；同时应备有产品合格证、施工方案、隐蔽工程检验表及检测单位的测试报告。

（2）安装工程所使用的窗品种、规格、开启方向及安装位置应符合设计图纸的要求；窗及密封条的物理性能与设计要求相一致。

（3）窗的安装要符合《被动式超低能耗绿色建筑技术导则（试行）》的要求。

1）窗安装允许偏差如表5-3所示。

窗安装允许偏差 表5-3

检查项目	质量要求
扇与框搭接量	+1.0mm
同一平面窗扇高低差	≤0.2mm
装配间隙	≤0.2mm
压条安装缝隙	≤0.2mm
压条安装平整度	≤0.2mm
现场窗框拼接缝隙	≤0.2mm
现场窗框拼接平整度	≤0.2mm
窗表面	平整、光滑、型材颜色一致，无大面积划伤、碰伤等。各拼接处不应有大于0.2mm的缝隙

检查项目	质量要求
密封质量	门、窗扇关闭后，框、扇之间无明显缝隙，密封胶条处于均匀的搭接或轻度压缩状态
排水孔	排水孔不应被砂石等物封堵，验收前应扣装排水孔盖
工艺孔	窗框工艺孔应安装相应尺寸的工艺孔盖
过程质量	各工序、过程的安装质量应符合相关要求

2）窗安装的质量要求及其检验方法应符合表 5-4 的规定。

窗安装的质量要求及其检验方法 表 5-4

项目		质量要求	检测方法
窗表面		洁净、平整、光滑、无明显色差、大面积划痕、碰伤、型材开角或开焊断裂等	观察
五金件		齐全、位置正确、安装牢固、使用灵活、达到规定的使用功能	观察、卡尺、合尺
密封条	窗玻璃密封胶条	三元乙丙密封条与玻璃及玻璃槽口的接触平整，不得卷边、间断、脱槽、拐角处过度圆滑、松紧适度	观察
	塑钢门、窗密封胶条	三元乙丙密封条与窗槽口的接触平整、顺直，不得有间断、脱槽、拐角处过度圆滑、松紧适度、两接触面接触严密	观察、塞尺
密封质量		窗关闭时，框与扇及扇与扇之间无明显缝隙，密封面上的密封条应处于压缩状态，且外形均匀	观察、塞尺
玻璃	真空玻璃	安装好的玻璃不得直接接触型材，应按要求垫实玻璃垫，玻璃中间的铝槽或胶条应在窗框或窗扇的中间位置。玻璃应平整、安装牢固，不应有松动现象	观察
压条	塑钢窗压条	带密封条的压条必须与玻璃全面贴紧，压条与型材的接缝处应无明显缝隙。压条与型材接触的上平面应平整高度差不超过 0.2mm，压条与压条的接缝无明显缝隙，缝隙值不超过 0.2mm	观察、卡尺
拼樘料	塑钢窗拼樘料	应与窗连接紧密，不得松动，螺钉间距应≤600mm，其固定点不少于 3 个。拼樘料与窗框间用嵌缝膏密封	观察、合尺、塞尺
	无拼樘料	窗框与窗框连接紧密，不得松动，螺钉间距应≤600mm，其固定点不少于 3 个。窗框与窗框间接缝应用嵌缝膏密封	观察、合尺
开关部件	平开内倒窗扇	关闭严密，搭接量均匀，开关执手位置正确、灵活，密封条无脱槽。开关力：平铰链≤80N	观察、塞尺、拉力计量器
	主框与支架连接	先在室外结构面固定支架，主框在与支架用螺丝进行紧固，保证水平、垂直度不大于安装规范	观察、水平仪、合尺

3）成品保护

成品窗由车间发往工地前已缠绕保护膜进行保护，但运输或安装过程中出现脱落，必须进行现场保护。

在窗框固定后必须用保护膜进行保护，以防其他施工方的水泥、砂浆造成窗框污染。

窗摆放地点应避开道路繁忙地段或上部有物体坠落区域，应注意防雨、防潮，不得与酸、碱、盐类物质或液体接触，避免浸泡腐蚀，导致材料表面遭到破坏，从而影响观感，造成不必要的损失。

交叉作业中严禁在安装完的窗上悬挂重物、践踏、搭脚手架和因电、气焊火花的烧伤等现象。

5.2.2　外窗保温结合部位施工技术

　　外窗和外墙保温作为被动式建筑外围护结构，对建筑的保温隔热性能起着关键性的作用，而窗与保温结合部位设计合理与否、施工质量的好坏直接影响建筑物整体的保温效果。

　　外窗一般采用整体外挂式安装，保温层错缝铺设，窗框固定在窗洞口外侧，比如，窗框凸出墙面约100mm，第一层保温板铺设时与窗框平齐，第二层保温板错缝铺设后压在窗框上，这样就避免了空隙的产生，减少了施工工序，施工便捷，质量有保证，如图5-57所示。

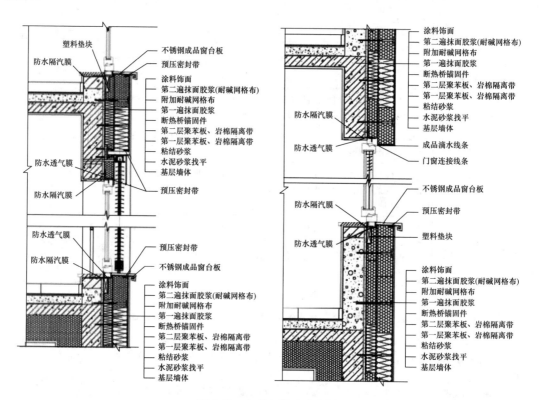

图 5-57　窗节点构造示意图

　　窗洞口四角周围的保温板应割成"L形"进行整板粘贴。外挂窗安装时应注意窗与结构墙之间、窗与第一层保温板之间的缝隙，需做好相应的密封、防水处理。外凸出墙面的金属预埋件也应进行保温处理。

　　外窗台应设置窗台板，窗台板凸出外墙保温层20mm，以免雨水侵蚀造成保温层的破坏而降低保温效果；窗台板应设置滴水线；窗台宜采用耐久性好的金属制作，窗台板与窗框之间应有结构性连接，并采用密封材料密封。

　　窗框两侧与保温层间采用门窗连接线连接，上端采用自带滴水线的门窗连接线，在窗台板与两侧墙体部位用预压密封带进行密封防水处理。

安装窗台板时，注意施工顺序，必须先对窗台板下保温层进行挂网格布抹聚合物砂浆进行找平处理，注意需做向外的坡度，然后再安装窗台板，如图 5-58 所示。

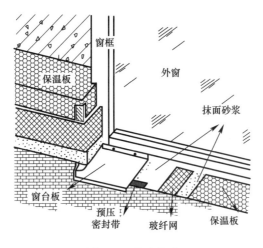

图 5-58　外窗构造

5.3　气密性施工技术

5.3.1　高气密性墙体施工技术

1. 高饱满度墙体砌筑技术

外墙砌体作为外围护结构，是气密性的首要屏障。砌体选用密实度较高的粉煤灰加气混凝土砌块、高密度板或混凝土结构，尽量不要选用空心砖、空心板或轻质疏松的材料。块材砌筑时，要求砂浆饱满，饱满度达到 100%，或者密缝砌筑，缝隙不得有透缝或砂浆不饱满。在圈梁构造柱处，混凝土密实，无孔洞、露筋等现象。对脚手架眼、预留洞口、拉螺栓孔要进行封堵。在砌体顶部和底部，要用砂浆填塞密实，如图 5-59 所示。

(a)　　　　　　　　　　　　　　　(b)

图 5-59　常见高气密性墙

（a）砂加气混凝土条板；（b）加气混凝土砌块

2. 墙体内抹灰技术

室内抹灰是气密层的重要组成部分，抹灰质量的好坏直接影响建筑物的整体气密性。所以，要加强抹灰工程质量的控制，必要时，选用聚合物砂浆进行内墙抹灰，以增强气密性。

对于加气混凝土砌块外墙，在内抹灰之前，确保灰缝砂浆饱满，所有外墙孔洞塞实，内表面抹灰应从混凝土梁底面抹至混凝土楼地面，保证连续不间断灰浆满铺砌块，尤其是房间内及楼梯间的踢脚位置。与钢筋混凝土梁、柱搭接处的抹灰层应铺设玻纤网格布，抹灰层搭接宽度至少100mm。嵌入外墙上的开关箱、配电箱或插座（未穿透外墙），安装前，预留口内侧填满水泥砂浆，趁砂浆干燥前将插座盒及穿线管嵌入墙体内，确保安装后存留的狭孔和槽口用灰浆填实。

对于蒸压轻质砂加气混凝土板材（ALC板）拼接外墙，板材内侧满铺玻纤网格布并确保抹灰层厚度不小于15mm，板材上、下侧楼板交接处应粘贴可抹灰型的防水隔汽膜，随后防水隔汽膜上抹灰刮腻子，进行保护，如图5-60所示。

图 5-60　墙体内抹灰

3. 墙体孔洞封堵

在墙体上预留的脚手架眼、孔洞，要用砌体的同种材料进行封堵，要填塞密实，不得透亮、疏松。若填塞不密实，抹灰前此部位用网格布或钢丝网进行加强处理。螺栓眼要用水泥砂浆整个填塞密实，不得只在表面处理。

5.3.2　屋面气密层施工技术

屋面工程作为建筑物的重要组成部分，由于受外界环境的影响较大，易产生系统性质量问题，采用高品质的材料是解决屋面整体质量的主要手段之一。

为了更好地隔绝湿气，避免保温材料吸入潮气而降低甚至失去保温隔热功能，确保系统的整体性，隔汽层采用高品质的1.2mm厚耐碱腐蚀铝箔面层SBS改性沥青防水卷材（$SD \geqslant 1500\mathrm{m}$），耐酸碱腐蚀铝箔面层SBS改性沥青自粘性卷材的上表面为特殊处理过的铝箔，隔汽效果突出，保证了屋面整体气密性，同时也起到防水层的作用，防止基层内湿气进入保温层而降低保温效果。下面为自粘的 SBS 涂层，可以直接与基层粘结，施工时揭掉下面的隔离膜，粘结在基层上即可。

隔汽层应从屋面低的位置向高的位置铺设，上翻墙高度与保温层高度一致，气温较低时辅热粘结。搭接边必须实现 100％满粘，如果卷材与铝箔搭接时，可采用热熔辅热的方式保证搭接边粘结牢固。出屋面结构，根部需做加强处理。

隔汽层必须上翻到女儿墙和出屋面管道、设备基础顶部，以保证整体气密性效果。

1. 施工准备

基层处理：找平层施工及养护过程中都可能产生一些缺陷，如局部凹凸不平、起砂、起皮、裂缝以及预埋件固定不稳等，故防水层铺设前应及时修补缺陷。

（1）凹凸不平：如果找平层平整度超过规定，则隆起的部位应铲平或刮去重新补作，低凹处应用 1:3 水泥砂浆掺加水泥重量的 15％的 108 胶补抹，较薄的部位可用掺胶的素浆刮抹。

（2）起砂、起皮：对于要求防水层牢固粘结于基层的防水层必须进行修理，起皮处应将表面清除，用掺加 15％的 108 胶水的素浆刮抹一层，并抹平压光。

（3）裂缝：要求对找平层的裂缝进行修补，尤其对于开裂较大的裂缝，应认真处理。当裂缝宽度小于 0.5mm 时，可用密封材料刮封，其厚度为 2mm、宽为 30mm，上铺一层隔离条，再进行防水层施工；若裂缝宽度超过 0.5mm，应沿裂缝将找平层凿开上口宽 20mm、深 15～20mm 的 V 形缝，清扫干净，缝中填嵌密封材料，再做 100mm 宽的涂料层。

（4）预埋件固定不稳：如发现水落口、伸出屋面管道及安装设备的预埋件安装不牢，应立即凿开重新灌筑微膨胀剂的细石混凝土，上部与基层接触处留出 20mm×20mm 凹槽，内嵌填密封材料，四周按要求作好坡度。

基层必须干燥，检验方法为：将 1m² 卷材平坦的干铺在找平层上，静置 3～4h 后掀开检查，找平层覆盖部位与卷材上未见水印即可铺设。

2. 涂刷冷底子油

使用环保型沥青冷底子油，涂刷于干燥的基面上，不宜在有雨、雾、露的环境中施工。用量 300～500g/m²，如图 5-61 所示。

图 5-61 基层涂刷冷底子油

3. 铺设隔汽层

屋面隔汽层采用耐碱腐蚀铝箔面层 SBS 改性沥青防水卷材，直接粘结在基层上，搭接宽度大于或等于 8cm。纵向搭接宜在波峰位置，接缝和收边部位都要压实密封。

隔汽层沿墙面向上翻过女儿墙下延 350mm。

屋面管道、风井周围应封严，确保铺贴平整无折损，对缺陷或破损的部位，应进行返修处理。节点处理如图 5-62、图 5-63 所示。

隔汽层应铺设平整，卷材搭接缝应粘结牢固，密封应严密，不得有扭曲、褶皱和起泡等缺陷。

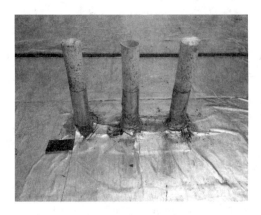 

图 5-62 出屋面管道、管井气密性处理

图 5-63 女儿墙、屋面气密层处理

5.3.3 管道穿外墙密封技术

1. 穿外围护结构管道

当单一管道穿外墙时，预留套管与管道间需要留出 50mm 的空隙并用岩棉塞实。确保基层墙体整洁后，在室内一侧管道四周粘贴可抹灰型的防水隔汽膜（或防水隔汽卷材），室外一侧管道四周粘贴防水透气膜，如图 5-64 所示。

新风方形管道穿外墙时，可以不留设套管，但需要留出孔洞，并保证孔洞与管道之间塞至少 50mm 的岩棉，并在室内外两侧分别粘贴防水隔汽膜和防水透气膜，如图 5-65 所示。

图 5-64　室内防水隔汽卷材、防水隔汽膜

图 5-65　室内、室外粘贴防水隔汽膜和防水透气膜

2. 桥架穿外墙气密性处理

在各种建筑中，由于功能的要求，桥架不可避免地需要穿过外墙延伸到室外。常规做法只要做好防火封堵就行了，但对气密性要求较高的被动式节能建筑，还需对桥架进行气密性处理，以提高建筑物的整体气密性。

在穿外墙处电缆桥架线盒可以更换成圆形钢套管，整体管道外包裹岩棉或橡塑保温层，以减少热桥效应。然后保温层外侧采用膨胀混凝土浇筑，干燥后室内侧管壁粘贴防水隔汽膜，外侧粘贴防水透气膜，隔汽膜和透气膜包裹套管长度不小于 50mm，超过保温层厚度不小于 100mm。电线电缆与套管之间用粘贴防水隔汽膜和透气膜的白色密封胶或者黑色结构胶封堵，封堵厚度至少 20～30mm，如图 5-66、图 5-67 所示。

高气密性的被动式建筑，能够大幅度降低建筑能耗。但由于建筑的复杂性，影响建筑物整体气密性的因素很多。对于穿外墙密集型管道，如冷媒管或冷热水管，由于管道比较密集，管道外一般都有橡塑保温，如果不采取特殊的封堵措施或封堵不严密，将严重影响建筑物的整体保温效果和整体气密性，达不到被动式节能建筑的功能要求。

对穿外墙密集型管道可以采用管道外浇筑膨胀混凝土，管道在墙体内外两侧分别粘贴防水隔汽膜和防水透气膜的方式进行处理，较好地解决了密集型管道的气密性问题。

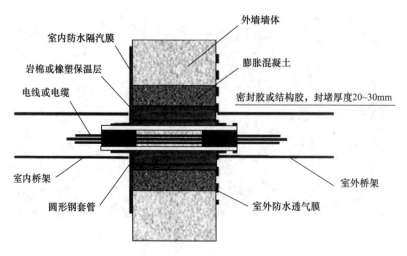

图 5-66　桥架穿外墙气密性处理示意图

(a)　　　　　　　　　　　　　　　　(b)

图 5-67　室内外气密性处理

（a）室内气密性处理；（b）室外气密性处理

　　穿外墙密集型管道在浇注膨胀混凝土之前要用铁丝或者钢圈将管道外侧橡塑保温层扎紧绑牢，管与管之间的距离不小于 25mm，以利于混凝土的浇筑。隔汽膜和透气膜包裹管道长度不小于 50mm，超过保温层厚度不小于 100mm，如图 5-68、图 5-69 所示。

　　当电线穿外墙时，因电线比较细，建议使用自粘型可抹灰的成品气密性套环（保证气密性）。如果不用的话，电线穿外墙应该增加套管，套管两侧伸出外墙长度控制在 20～30mm，保证与防水隔汽膜、防水透气膜的搭接长度即可，套管与外墙之间室内一侧四周粘贴可抹灰型的防水隔汽膜，室外一侧四周粘贴防水透气膜，套管室内一侧与电线之间填充厚度不少于 20mm 后的结构密封胶，如图 5-70 所示。

　　3. 通气管穿屋面楼板密封技术

　　（1）施工要点

　　屋面气密性应该有保障，在施工工法、施工程序、材料选择等各环节均应考虑，尤其应注意屋面变形缝、出屋面管道及屋面檐角等关键部位的气密性处理。施工完成后，应进行气密性测试，及时发现薄弱环节，改善补救。

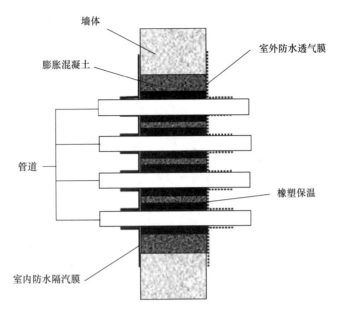

图 5-68　密集型管道穿外墙气密性处理示意图

图 5-69　室外、室内气密性处理

图 5-70　室内粘贴隔汽膜、气密性套环

应避免在外墙面和屋面上开口，如必须开口，应减小开口面积，并应与设计人员协商制定气密性保障方案，保证气密性。

（2）外窗安装部位气密性处理要点

外窗采用三玻两腔真空中空复合的塑料窗，所有主辅材如窗框、玻璃、密封条、五金件等（除执手外）全部在工厂组装完成。开启扇使用多锁点五金件，锁点和锁座分布在整个窗框的四周，锁点、锁座与铰链或滑撑配合，提供强大密封压紧力，使密封条弹性变形，从而保证了外窗本身的气密性要求。

窗洞口两侧设置构造柱，增大窗台压顶及过梁厚度，窗洞口外侧凹凸不平位置用聚合物砂浆找平，安装时，采用整窗外挂的方式，窗框与外墙连接处必须采用防水隔汽膜和防水透气膜组成的密封系统。其中室外一侧应使用防水透气膜，室内一侧采用防水隔汽膜。在粘贴前应将基面处理平整并清扫干净，粘贴时保证防水隔汽膜及防水透气膜的连续性。防水隔汽膜是可抹灰型的，在防水隔汽膜粘贴好之后进行窗口抹灰保护。

窗框与结构墙面结合部位是保证气密性的关键部位，在粘贴防水隔汽膜和防水透气膜时要确保粘贴牢固严密。支架部位要同时粘贴，不方便粘贴的靠墙部位可抹粘接砂浆封堵。

在安装玻璃压条时，要确保压条接口缝隙严密，如出现缝隙应用密封胶封堵。外窗型材对接部位的缝隙应用密封胶封堵。

窗扇安装完成后，应检查窗框缝隙，并调整开启扇五金配件，保证窗密封条能够气密闭合。

4. 围护结构开口部位气密性处理要点

纵向管路贯穿部位应预留最小施工间距，便于进行气密性施工处理。

当管道穿外围护结构时，预留套管与管道间的缝隙应进行可靠封堵。当采用发泡剂填充时，应将两端封堵后进行发泡，以保障发泡紧实度，发泡完全干透后，应做平整处理，并用抗裂网和抗裂砂浆封堵严密。当管道穿地下外墙时，还应在外墙内外做防水处理，防水施工过程应保持干燥且环境温度不应低于5℃。

管道、电线等贯穿处可使用专用密封带可靠密封。密封带应灵活有弹性，当有轻微变形时仍能保证气密性。

电气接线盒安装时，应先在孔洞内涂抹石膏或粘接砂浆，再将接线盒推入孔洞，保障接线盒与墙体嵌接处的气密性。

室内电线管路可能形成空气流通通道，敷线完毕后应对端头部位进行封堵，配线管口至管内100mm打聚氨酯发泡密封胶，以保障气密性。打完胶待胶发胀完毕后清理管口多于发泡胶，保证管口发泡胶与管口平齐。

电气接线盒气密性处理如图5-71所示。

5.3.4 气密性检测技术

1. 气密性测试要求

气密性检测常用方法是鼓风门气密性测试方法，通常委托具有相应资质的第三方机构完成检测。气密性检测需在建筑外围护结构全部施工完成后实施，通常是在建筑即将移交给业主之前进行。此外，为确保工程质量和气密性最终检测合格，防止工程返工造成的工期和成本的影响，建议在施工过程中就组织开展有针对性的气密性检测。

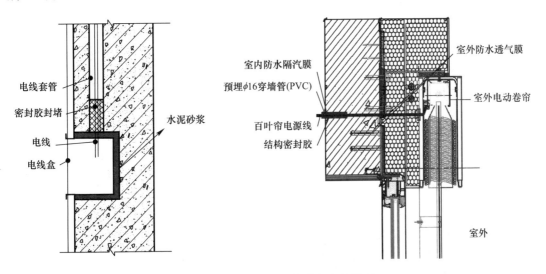

图 5-71　接线盒、穿墙管线气密性处理

　　现场施工条件允许的话，建筑气密性测试可分三次进行：第一次抽取典型房间"新风机房"进行气密性测试，通过测风仪、烟感测试等仪器可以检测门窗、砌块墙、穿墙管道存在的漏风点，制定整改措施并为后续施工提出指导意见；第二次是项目整体围护结构施工完后的建筑气密性测试，目的是在大面积内外装饰施工之前，将全部漏风点整改完毕，避免后续装饰返工；第三次项目装修完后移交给甲方之前进行的建筑气密性测试。

　　建筑整体气密性检测应严格按照基于 EN 13829 的 PHI. BDT 指南规定的方法进行测试。气密性指标计算过程中需要两个数据：一个是鼓风门气密性测试并转换得到的标准空气状态下 50Pa 的空气泄漏量；另一个是建筑物内部体积。需要指出的是，PHI. BDT 指南中指出对于体积超过 4000m³ 的大型建筑，由于相对于小型建筑具有较小的体形系数，通过 $n_{50} \leqslant 0.6h^{-1}$ 的指标要求相对容易，这样就不能真实反映出大型建筑是否具有足够气密性。因此，PHI. BDT 指南要求体积超过 4000m³ 的大型建筑采用基于围护结构表面积的 $q_{50} \leqslant 0.6h^{-1}$ 指标判定。

　　2. 气密性检测

　　施工过程中应进行气密性检测，保障气密性。气密性检测可采用鼓风门法和示踪气体法。

　　鼓风门法通过鼓风机向室内送风或排风，形成一定的正压或负压后，测量被测对象在一定压力下的换气次数，以此判断是否满足气密性要求。

　　示踪气体法使用人工烟雾，通过观察示踪气体向外界泄露的数量和位置，查找围护结构气密性缺陷。

　　气密性质量控制重点内容：重要节点的气密性保障施工方案；窗产品气密性质量；窗、管线贯穿处等关键部位的气密性效果。

气密性检测如图 5-72～图 5-75 所示。

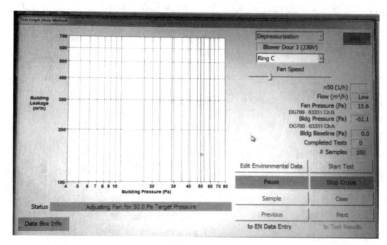

图 5-72　气密性检测操作界面

图 5-73　气密性测试风机

图 5-74　气体渗漏测试

图 5-75　烟雾渗漏探测

第6章 运行管理

净零能耗建筑目标的实现,除了设计、施工阶段的特殊处理之外,还应重视验收、评价和运行管理。验收、评价是设计、施工质量的检验与有效保障,而科学的运行管理,可以有效降低能耗,确保净零能耗建筑目标的实现。

6.1 验收

6.1.1 施工方案管理

不同于传统现浇结构的钢筋、模板、混凝土施工方案,由于装配式建筑特有的构件结构及其施工方式,需要编制多个专项施工方案,方案的编制、审核、审批及专家论证流程也需要进行相应的调整。

1. 规范依据

装配式建筑施工技术经过近几年的发展,相应的管理规范逐渐完善,现将有关条款梳理如下:

《装配式混凝土建筑技术标准》GB/T 51231—2016 第 10.2.1 条规定:装配式混凝土结构施工应制定专项方案。专项施工方案宜包括工程概况、编制依据、进度计划、施工场地部署、预制构件运输与存放、安装与连接施工、绿色施工、安全管理、质量管理、信息化管理、应急预案等内容。

《装配式混凝土结构技术规程》JGJ 1—2014 第 12.1.1 条规定:装配式结构施工前应制定施工组织设计、施工方案;施工组织设计的内容应符合现行国家标准《建筑施工组织设计规范》GB/T 50502 的规定,施工方案的内容应包括构件安装及节点施工方案、构件安装的质量管理及安全措施等。

北京市地方标准《装配式混凝土结构工程施工与质量验收规程》DB11/T 1030—2013 第 3.0.1 条规定:装配式结构工程专项施工方案包括模板与支撑专项方案、钢筋专项方案、混凝土专项方案及预制构件安装专项方案等。

《北京市住房和城乡建设委员会关于加强装配式混凝土结构产业化住宅工程质量管理的通知》(京建法〔2014〕16 号)规定:应加强预制混凝土构件钢筋灌浆套筒连接接头质量控制。施工前应编制具有针对性的套筒灌浆施工专项方案。

《关于加强装配式混凝土建筑工程设计施工质量全过程管控的通知》(京建法〔2018〕6 号)规定:(装配式结构)施工组织设评审专家组应当由结构设计、施工、预制混凝土构件生产(混凝土制品)、机电安装、装饰装修等领域的专家组成,成员人数应当为 5 人以上单数，其中北京市装配式建筑专家委员会成员应不少于专家组人数的 3/5，结构设计、施工、预制混凝土构件生产（混凝土制品）专业的专家各不少于 1 名。

《关于印发〈北京市房屋建筑和市政基础设施工程危险性较大的分部分项工程安全管理实施细则〉的通知》（京建法〔2019〕11 号）中规定：装配式建筑混凝土预制构件安装工程属于危险性较大的分部分项工程。

2. 施工专项方案梳理

结合相关标准规范，需要编制的施工方案清单如表 6-1 所示。

施工方案建议清单   表 6-1

序号	方案名称	编制单位	专家评审	设计复核
1	装配整体式混凝土结构施工组织设计	总包	是	否
2	预制构件技术质量保证措施	构件厂	否	否
3	预制构件生产方案	构件厂	否	否
4	保温连接件安装专项施工方案	构件厂	否	是
5	预制构件运输方案	构件厂	否	否
6	构件运输及堆放方案	总包	否	否
7	钢筋灌浆套筒连接施工方案	总包/灌浆单位	否	否
8	冬期灌浆施工方案	总包	是	是
9	预制构件修补方案	构件厂	否	否
10	装配式支撑体系施工方案	总包/支撑厂家	否	是
11	装配式施工试验专项方案	总包	否	否
12	装配式结构吊装施工方案	总包/吊具厂商	否	是
13	预制构件原材料检测及抽查方案	总包	否	否
14	装配式结构转换层专项施工方案	总包	否	否
15	装配式结构孔洞封堵及清缝打胶专项方案	总包/厂商	否	否

3. 注意事项

（1）装配式施工组织设计在专家评审过程中，对专家组成员组成需满足要求，即"结构设计、施工、预制混凝土构件生产（混凝土制品）专业的专家各不少于 1 名"，尤其是部品部件生产专家，缺少的话则论证评审无效。

（2）不建议冬期施工，如必须进行冬期施工，需制定专项施工方案并经专家论证，施工组织评审不作为冬期施工方案通过论证的依据。

（3）装配式结构施工，应特别注意构件堆场位置的选择，如果堆放在地下室顶板上，应规划好构件堆放的范围、形式、数量，并相应计算堆放荷载，一般构件堆放所形成的荷载是线荷载，应注意不是局部面荷载。

6.1.2 试验检验管理

1. 型式检验

钢筋套筒在构件厂预埋前，需要进行型式检验，具体要求如下：

（1）灌浆料应由灌浆接头提供单位负责与灌浆套筒配套提供。

（2）提供接头数量 15 个：3 个母材强度、3 个单向拉伸、3 个高应力、3 个大变形、3 个偏置接头单向拉伸。

（3）同步提供不少于一组灌浆料 28 天标养（冬期 7 天负温转 28 天标养）试块。

（4）平行试件中，灌浆料抗压强度不应低于型检报告中的灌浆料抗压强度等级值。

（5）低温灌浆料没有型式检验，只能按型式检验的要求进行委托检验。

参考标准：《钢筋机械连接技术规程》JGJ 107—2016

2. 工艺检验

为保证现场钢筋套筒灌浆质量，需要对套筒灌浆进行工艺检验，具体要求如下：

（1）套筒灌浆接头 3 个，先做残余变形，完成后再做单向抗拉强度。

（2）同步提供不少于一组灌浆料 28 天标养试块（实际需要两组，分别检定 1 天、28 天强度）。

（3）不合格允许单倍复试，前提是第一组仅一根抗拉不合格或 3 根的残余变形平均值不合格。

（4）应针对不同的钢筋生产厂的钢筋分别进行，注意区分转换层和标准层。

（5）需要经过培训的专业人员操作。

参考标准：《钢筋机械连接技术规程》JGJ 107—2016 和北京市地方标准《钢筋套筒灌浆连接技术规程》DB11/T 1470—2017

3. 预制构件性能检验

为保证预制构件生产质量，需要对加工完成的预制构件进行结构性能检测，具体要求如下：

（1）检验数量：同一类型预制构件 1000 个为一批，每批抽一个构件。

（2）检验标准：设计要求或现行国家标准《混凝土结构工程施工质量验收规范》GB 50204 的要求（一般来说包括挠度和裂缝两个指标）。

（3）检测对象：梁板类简支受弯预制构件（含楼梯）。

（4）检验地点：进场时，检验地点为施工现场。考虑实际情况一般出场时在构件加工厂内进行检验。

（5）特例情况：对于不可单独使用的叠合板预制底板可不检验，叠合梁是否检验由设计确定；对多个工程共同使用的同类型预制构件，可共同委托，结果对多个工程共同有效。

4. 进场复试

为保证灌浆套筒质量，需要对灌浆套筒进行复试，复试分为进厂（构件生产厂）验收和进场（施工现场）验收两方面内容，如表 6-2 所示。

灌浆套筒复试   表 6-2

检验项目	进厂验收	进场验收
外观检验	每 1000 个抽 10%，检查长度、内径、外径	
抗拉强度	每 1000 个取一组（3 个），接头做抗拉强度试验	

续表

检验项目	进厂验收	进场验收
复检要求	第一次试验仅一根不合格，可双倍复检	
试件制作	构件厂制作	套筒随构件发至现场，在现场制作

5. 平行试件

平行试件主要为灌浆料平行试件检验，具体要求如下：

（1）进行现场检验初始流动度、30min 流动的损失，确保灌浆料的施工性能。

（2）每工作班不少于 1 次，每层不少于 3 次，每次抽取 1 组试件送检，进行 28 天强度、1 天强度和 3 天强度检验。

6.1.3 资料管理

预制构件资料管理分为构件生产资料管理和构件施工资料管理。

1. 预制构件生产资料

（1）预制混凝土构件加工图纸、设计文件、设计洽商、变更或交底文件；

（2）生产方案和质量计划等文件；

（3）原材料质量证明文件、复试试验记录和试验报告；

（4）混凝土试配资料；

（5）混凝土配合比通知单；

（6）混凝土开盘鉴定；

（7）混凝土强度报告；

（8）钢筋检验资料、钢筋接头的试验报告；

（9）模具检验资料；

（10）混凝土浇筑记录；

（11）混凝土养护记录；

（12）构件检验记录；

（13）构件性能检测报告；

（14）构件出厂合格证。

其中需要提交给总包单位的资料有：出厂合格证、混凝土强度检验报告和钢筋套筒等其他构件钢筋连接类型的工艺检验报告。

2. 预制构件施工资料

（1）构件进场验收记录（参照检验批表格）；

（2）吊装记录（资料管理规程制式表格）；

（3）灌浆前检查记录（北京市建委 2018 年 6 号文附件表格）；

（4）灌浆令（总包单位自定要求）；

（5）灌浆过程记录；

（6）灌浆过程影像资料；

（7）灌浆接头抗拉强度试验报告分析。

6.1.4　隐蔽工程检查要点

1. 外墙隐蔽工程重点检查内容

（1）基层表面状况及处理；

（2）保温层的敷设方式、厚度和板材缝隙填充质量；

（3）锚固件安装；

（4）网格布铺设；

（5）热桥部位处理等。

2. 屋面隐蔽工程重点检查内容

（1）基层表面状况及处理；

（2）保温层的敷设方式、厚度和板材缝隙填充质量；

（3）屋面热桥部位处理；

（4）隔汽层设置；

（5）防水层设置；

（6）雨水口部位的处理等。

3. 外门窗隐蔽工程重点检查内容

（1）外门窗洞的处理；

（2）外门窗安装方式；

（3）窗框与墙体结构缝的保温填充做法；

（4）窗框周边气密性处理等。

6.1.5　热桥部位检查要点

热桥部位质量控制重点检查内容包括：

（1）重要节点的无热桥施工方案；

（2）女儿墙、窗框周边、封闭阳台、出挑构件等重点部位的实施质量；

（3）穿墙管线保温密封处理效果；

（4）对薄弱部位进行红外热成像仪检测，查找热工缺陷。

6.1.6　气密性检查要点

气密性质量控制重点检查内容包括：

（1）重要节点的气密性保障施工方案；

（2）门窗产品气密性质量；

（3）门窗、管线贯穿处等关键部位的气密性效果。

6.1.7　暖通空调系统检查要点

暖通空调系统重点检查内容包括：

（1）风管系统及现场组装的组合式空调机严密性；

（2）风系统平衡性及供暖空调水系统的平衡性；

（3）管道及部件的保温。

建筑主体施工结束，门窗安装完毕，内外抹灰完成后，精装修施工开始前，应进行建筑整体气密性检测，检测结果应满足相关气密性指标要求。

暖通空调系统施工完成后，应进行联合试运转和调试，并达到设计要求。

6.2 评价

为保证净零能耗建筑的实施质量，推动其健康发展，净零能耗建筑建造完成后，应对其是否达到净零能耗建筑的要求给予评价。

（1）评价人员应经过相关专业技术培训；评价中的相关测试应由检测机构实施。

（2）鼓励选用获得高性能节能标识或绿色建材标识的门窗、保温（隔热）材料、照明灯具、新能源设备、冷（热）源机组、空调（供暖）末端设备、热回收装置、遮阳等产品。高性能节能产品是指满足国家相关产品标准且主要节能性能指标达到国际领先水平的产品。对采用获得高性能节能标识且在有效期内的产品，可直接认可，不必重复检测。

（3）评价应以单栋建筑为对象；对于设计中以户或单元为设计单位的建筑，可结合建筑的实际情况，以户或单元为对象进行评价。

（4）评价工作贯穿整个设计与建造过程，包括设计和施工两部分。

（5）设计部分评价应在施工图设计文件审查通过后进行，包括以下两方面：

1）施工图审核。应重点核查围护结构关键节点构造及做法是否满足保温及气密性要求，包括外保温构造、门窗洞口密封、气密层保护措施及是否采用热回收新风系统，厨房及卫生间通风是否采取节能措施等。

2）能耗指标计算。包括年供暖需求和年供冷需求及供暖、空调、照明等一次能源消耗量的计算。能耗指标应采用净零能耗建筑认证专用软件计算。

（6）施工部分评价应在建筑物竣工验收前进行，包括以下内容：

1）建筑气密性检测：

① 应对建筑外围护结构整体进行气密性检测，当以户或单元为对象进行标识评价时，应以户或单元为单位进行气密性测试；

② 建筑气密性检测应由第三方检测机构现场检测并出具检测报告，检测结果应满足零能耗建筑相关导则技术指标要求；

③ 在进行评价标识时，若建筑物已经委托第三方检测机构完成气密性检测，只需提供检测报告即可，不必重复检测。

2）应对新风热回收装置进行施工现场抽检，送至第三方检测机构进行检测，保证其热回收效率符合设计要求。

① 同一厂家的分散式热回收装置，抽检数量为 5%，但不得少于 2 台；

② 对于集中式热回收装置，应由厂家提供同型号、同规格产品的第三方检测报告；

③ 对于获得高性能节能标识且在有效期内的产品，可免于现场抽检。

3）应核查以下项目：

① 外墙保温材料、门窗等关键产（部）品应为高性能节能产品或绿色建材产品；否则，应核查其见证取样检测报告是否符合设计要求；

② 热回收装置等相关产品检测报告应符合设计要求。

（7）竣工验收一年后，宜对净零能耗建筑进行后评估，作为应用效果评价参考及申报国家示范工程、国家或省级各级政府财政补贴等相关各类荣誉的重要依据。后评估包含以下内容：

1）室内环境检测：

① 检测内容宜包括室内空气温度、相对湿度、外墙内表面温度、新风量、室内 PM2.5 的含量、二氧化碳浓度、室内风速、室内环境噪声及室内菌落数；

② 检测应在暖通空调系统正常连续运行 24h 后进行；

③ 应根据不同体形系数、不同楼层、不同朝向等因素抽检有代表性的用户进行检测，抽检数量不得少于用户总数的 10％，并不得少于 3 户，并至少包括顶层、中间层和底层各 1 户，每户不少于 2 个房间；

④ 室内温度、相对湿度及外墙内表面温度检测时间周期不得少于 24h；其他要求应按照现行国家标准《居住建筑节能检测标准》JGJ/T 132 进行；

⑤ 新风量检测应按照现行国家标准《公共建筑节能检测标准》JGJ/T 177 进行；

⑥ 室内 PM2.5 的含量、二氧化碳浓度、室内风速、室内环境噪声检测应参照相关标准进行。

2）实际能耗评估：

① 实际能耗以典型用户电表、气表等计量仪表的实测数据为依据，并经计算分析后采用；

② 供暖、空调及照明能耗计量时间以一年为一个周期；

③ 不同能源需要统一换算到一次能源。

6.3 运维

净零能耗建筑应针对其在建筑围护结构、暖通空调系统等方面的特点进行维护和管理。

（1）物业管理单位应制定针对净零能耗建筑特点的管理手册，应包括建筑围护结构构造、特点及日常维护要求，设备系统的特点、使用条件、运行模式及维护要求，二次装修应注意的事项等。并对运行管理人员进行有针对性的培训，提高节能运行管理水平。二次装修时应避免破坏气密层。

（2）如果业主自行委托进行二次装修，物业管理单位应对装修单位进行施工培训，避免影响净零能耗建筑的围护结构及设备系统性能。

（3）净零能耗建筑构件的维护和保养应注意以下事项：

1）外墙外保温系统的保护：应避免在外墙面上固定物体，保护外墙外保温系统完好；如必须固定，则必须采取防止热桥的措施。

2）建筑整体气密性保护：外墙内表面的抹灰层、屋面防水隔汽层及外窗密封条是保证气密性的关键部位。物业部门应注意气密层是否遭到破坏，若有发生，则应及时修补；应经常检查外门窗密封条，必要时应及时更换。

3）窗门的维修保护：经常检查外门窗关闭是否严密，中空玻璃是否漏气；应定期检查门窗锁扣等五金部件是否松动及其磨损情况；每年应对活动部件和易磨损部分进行保养。

（4）净零能耗建筑暖通空调系统的运行管理除应符合现行国家标准《空调通风系统运行管理标准》GB 50365 的要求外，还应注意以下事项：

1）每年宜将年能耗数据与设计能耗值进行比较，及时发现问题。

2）经常检查新风口、排风口及其通道是否畅通，以及新风口、排风口的开启状态。

3）经常检查过滤器，并定期清洗或更换过滤器。对户式新风系统，物业管理部门应将过滤器的型号、维修周期及厂家联系方式等信息提供给用户，并建议用户请厂家专业人士定期清理和更换。

4）每两年需检查一次新风系统的热回收装置，如有需要，应及时更换，保证热回收效率。

（5）净零能耗建筑运行管理需要用户的参与和配合，物业管理部门应编写用户使用手册，介绍净零能耗建筑的特点及用户日常生活中应注意的事项，倡导节能的行为方式，避免由于用户不当行为导致建筑性能下降。

（6）用户使用注意事项包括：

1）尽量避免在外围护结构打膨胀螺栓或钉钉子。如有孔洞发生，需利用填缝剂立即封堵。

2）供暖季，白天需要太阳辐射来加热房间，不要遮挡窗户，并宜打开活动遮阳设施。夜间应关闭活动外遮阳装置，避免室内向室外的辐射散热。窗户应保持关闭状态，只有在新风系统故障停机或家庭聚会时，窗户可短期开启以满足新风需求，恢复正常后应重新关严。

3）供冷季，白天应关窗并放下遮阳装置，主动减少太阳辐射得热，保持房间阴凉；夜间和早晨可开窗通风。

4）过渡季宜关闭新风系统，开窗通风。

5）始终保持送风口、过流口和排风口畅通，不要随意封堵。

6）定期清理过滤器。

7）定期检查所有风阀、卫生间通风装置是否开关完好。

8）定期检查门窗漏风、胶条是否完好。

9）定期检查排油烟机排风自闭阀是否完好。

10）地漏每周加水一次，保证气密性。

11）使用节能家电和节能灯，电气设备不用时完全关掉，不要让其处于长期待机状态。

12）供暖、供冷、通风系统的设定值应按建议值进行设置，避免过高或过低。

第7章 实 践 案 例

7.1 坪山高新区综合服务中心会展中心项目

7.1.1 项目概况

本项目位于深圳市坪山区燕子湖片区，瑞景路与文祥路交汇处，总建设用地面积 86777.68m²，总建筑面积 133322.07m²，其中包括 1 号楼、2 号楼和地下车库（图 7-1）。1 号楼为会展中心，建筑面积 87445.43m²，地下 1 层，地上 3 层，总建筑高度 23.8m，为多层公共建筑。地上部分的功能以会议为主，以会带展。2 号楼为酒店建筑，建筑面积为 45876.64m²，建筑高度 23.6m，地上部分共 6 层，地上部分为客房，附带配套的餐饮、健身等用房。地下室为车库、设备用房、餐厅和仓库。耐火等级二级，抗震烈度 7 度，设计使用年限 50 年。

本项目用地性质属于商住用地，总投资为 159800 万元，其中 1 号楼采用钢框架—中心支撑结构体系，2 号楼采用钢框架结构体系，解决的主要技术问题为：

（1）住宅建筑土建与装修工程一体化设计施工；

（2）采用预拌混凝土、预拌砂浆；

（3）采用大量预制构件；

（4）采用 BIM 技术，应用于在建筑的规划设计、施工建造和运行维护。

图 7-1 坪山高新区综合服务中心效果图

7.1.2 装配式体系

1. 装配式建筑结构体系

本项目共计 2 个单体，1 号楼主要为展厅及会议厅，西面为 1 层的副展厅，顶标高为 15.80m；中部为 2 层主展厅，顶标高为 24.0m；东面为 3 层会议区，顶标高为 18.60m。2 号楼为 6 层酒店，标准层高 3.6m，屋顶标高 21.5m；地下 1 层，层高 4.5m，采用全开敞地下室；采用独立基础。1 号楼主体结构采用钢框架—支撑结构，2 号楼主体结构采用钢框架结构，钢柱采用箱型截面，局部钢柱内灌混凝土；钢梁采用 H 型钢截面；楼板采用闭口型压型钢板现浇楼板；填充墙采用轻质条板墙及轻钢龙骨硅钙板墙；楼梯主体采用钢楼梯，踏板采用预制混凝土踏步板。

2. 关键节点设计

（1）梁柱节点

梁柱连接为栓焊连接，如图 7-2 所示。

（2）主、次梁连接节点

主、次梁采用栓焊连接和全螺栓连接节点，如图 7-3 所示。

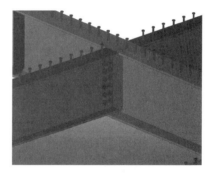

图 7-2　梁柱节点 3D 示意图　　　　图 7-3　主、次梁连接节点 3D 示意图

（3）斜支撑连接节点

斜支撑连接节点如图 7-4 所示。

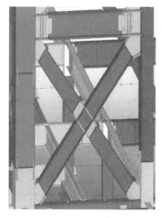

图 7-4　斜支撑连接节点图例

（4）钢楼梯连接节点

采用钢结构楼梯，踏步采用预制混凝土踏步板，现场组装，如图7-5所示。

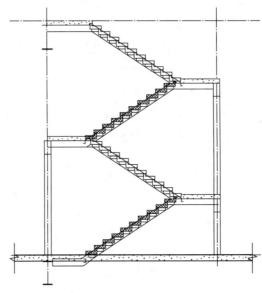

图7-5　钢楼梯连接节点图例

（5）楼板连接节点

楼板采用闭口型压型钢板（YXB65@185@555）现浇楼板，楼板混凝土强度等级为C30。节点设计如图7-6所示。

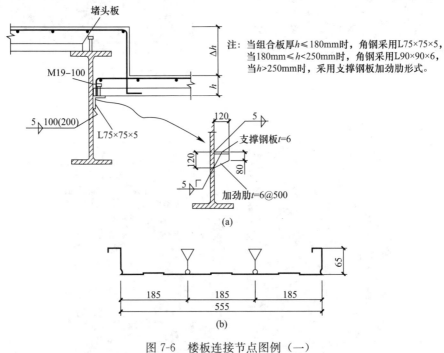

(a)

(b)

图7-6　楼板连接节点图例（一）

（a）用于 $\Delta h > h$；（b）闭口型压型钢板断面

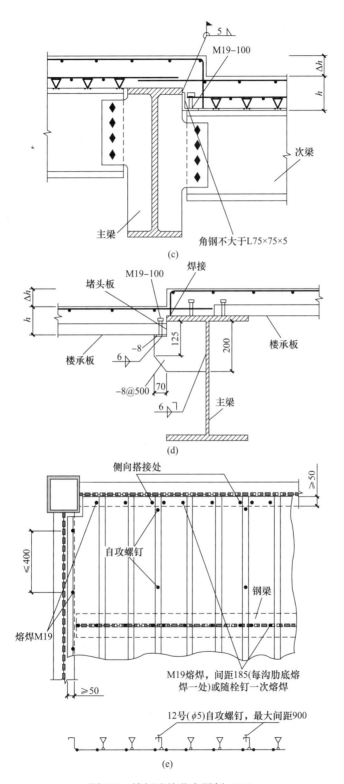

图 7-6 楼板连接节点图例（二）

（c）用于主梁平行低标高板肋方向且 $\Delta h \leqslant h$；（d）用于主梁垂直低标高板肋方向且 $\Delta h \leqslant h$；

（e）压型钢板的端部固定

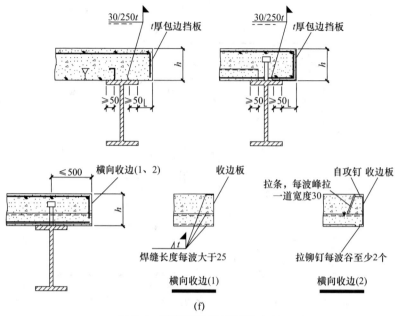

图 7-6　楼板连接节点图例（三）

(f) 压型钢板悬挑收边构造

7.1.3　工程施工组织方案

1. 施工总平面布置图

据钢结构分布与施工平面部署情况，将会展中心划分为 3 大施工分区，其中 A 区另外划分为 4 个小区，B 区和 C 区均另外划分为南北 2 个小区，酒店区域划分为 3 个区（D-1、D-2、D-3），如图 7-7、图 7-8 所示。

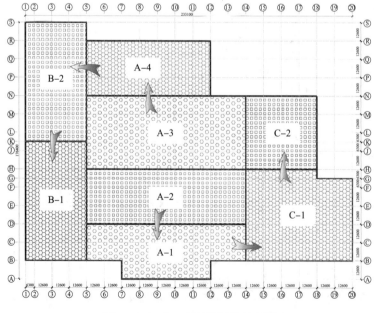

图 7-7　A、B、C 区域划分示意图

A-2 及 A-3 区域为会展中心关键线路所在，需率先开始施工，此后，沿"A-3→A-4→B-2→B-1"以及"A-2→A-1→C-1→C-2"两个方向先后投入施工，待各个区域底板浇筑完成后，钢结构施工工作面全面展开，各区块均铺开施工。

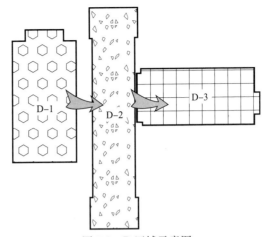

图 7-8　D 区域示意图

酒店 D-1 区与会展中心接壤，率先施工，沿"D-1→D-2→D-3"方向依次施工，待各个区域底板浇筑完成后，钢结构施工工作面全面展开，各区块均铺开施工。

设置 8 台塔吊，主要服务于钢结构吊装、金属屋面施工、钢筋搬运、装饰装修施工以及其他工序施工。现场面积广、交叉作业多，且钢结构吊装工程中单件钢构件长度长、重量大，只有安排塔吊布置，优化施工工序，并将钢结构施工流水领先土建施工，才能错开交叉作业面并互相衔接，达到缩短工期的效果。

会展钢结构采用 6 台塔吊进行安装，安装方向为由下至上、由中间向四周开花式逐渐安装。酒店结构采用 2 台塔吊由南向北、由西往东安装。1 号塔吊（STT553A-24t）、2 号塔吊（STT293-12t）、3 号塔吊（STT553A-24t）、4 号塔吊（STT553A-24t）、5 号塔吊（STT293-12t）、6 号塔吊（TC8039）负责会展范围内钢柱与钢梁与其他构件吊装，7 号塔吊（TC7525）、8 号塔吊（TC7525）负责酒店范围内的钢柱与钢梁与其他构件吊装，地下室局部超重构件使用 50t 汽车吊配合吊装，屋盖超重构件采用 200t 汽车吊吊装。

2. 施工准备

装配式建筑施工的特点是以塔吊为主的机械化流水施工。吊装一开始，各道工序均应有施工前计划，并依计划有节奏地紧密配合。因此，施工准备工作在装配式建筑结构施工中显得尤为重要。

（1）技术准备

1）编制具有可操作性的装配式实施方案，确保节点，推行科学化施工新领域。

2）加强设计图、施工图和构件加工图的结合，做好各图纸的相符性，提供可行的工厂化制作和现场可施工的深化图，优化原设计图纸。

3）组织现场施工人员熟悉、审查图纸，对构件型号、尺寸、预埋件位置逐块检查，准备好各种施工记录表格。

4）根据图纸及吊装手册，合理编排吊装顺序图标。

5）落实施工前期工作，包括材料、预制件制造、表面装饰，保护起吊、运输、储存、临时支撑，安装等。

（2）资源准备

1）大型机械设备配备计划如表 7-1 所示。

大型机械设备配备清单　　　　　表 7-1

序号	型号	臂长（m）	安装高度（m）	进场时间	备注
1	STT553-24t	80	43.6	2018-2-25	会展中心区域
2	STT293-12t	70	49.2	2018-2-25	会展中心区域
3	STT553-24t	80	37.6	2018-2-25	会展中心区域
4	STT553-24t	80	43.6	2018-2-25	会展中心区域
5	STT293-12t	70	49.2	2018-2-25	会展中心区域
6	TC8039	80	68.4	2018-2-25	会展中心区域
7	TC7525	70	48	2018-3-12	酒店区域
8	TC7525	70	39	2018-3-12	酒店区域

2）吊装工具准备如表 7-2 所示。

吊装工具准备列表　　　　　表 7-2

序号	名称	规格	数量	单位	说明	到货周期
1	高强螺栓	M16×70	5000	个	墙板数×2，考虑损耗	7 天
2	自攻钉	M10×75	5000	个	墙板数×2，考虑损耗	7 天
3	斜支撑	3.0m	400	根	配置二层	15 天
4	钢梁	吊重 10t，H 型钢，$L=9m$	1	根	＝塔吊数×1	15 天
5	硬塑垫块	50mm×50mm×20mm、10.5.3.2	各 2000	个	每种规格＝墙板数×50×0.7/20	7 天
6	吊爪	2.5t	8	个	用于墙、楼梯吊装＝塔吊数×8	7 天
7	卸扣	3.0t	4	个	＝塔吊×4	7 天
8	钢丝绳	20 号钢丝绳——3m	2	根	用于平衡梁＝塔吊数×2	7 天
		18 号钢丝绳——6m	4	根	用于墙、楼梯吊装＝塔吊数×4	
9	轻型免出力电动钻	东成牌，DH36DL	2	台	＝塔吊数×2	7 天
10	锤花	圆头，10×160	10	盒		7 天
11	电动扳手（插电式）	WR16SA	2	台	＝塔吊数×2	7 天
12	手提式线盘	线长 100 一台	2	台	包括线盘和电线及插座	7 天
13	靠尺	$L=2.2\sim2.5m$	2	把	＝塔吊数×2	7 天
14	撬棍	$L=1.5m$，直径 25mm 以上的六边形	2	台	＝塔吊数×2	7 天
15	铝合金人字梯	3m 高	1	个		7 天
16	美纹纸	30mm 宽	28000	m		7 天
17	双面胶	20×2m	15000	m		7 天
18	自粘防水卷材	100mm 宽	7000	m		7 天
19	PE 泡沫棒	直径 25mm	12000	m		7 天
20	外墙胶	西卡 sikaflex150	12000	m		7 天
21	楼梯灌浆料		100	kg		7 天

序号	名称	规格	数量	单位	说明	到货周期
22	三级电箱		1	台	每台配 100m 长线	7 天
23	太阳灯	蝙蝠灯	2	个		7 天
24	安全帽		7	顶		
25	安全带		7	副		
26	闪光服		7	件		
27	对讲机	GP329/339，配电机板 6 块	3	台	=塔吊数×3	7 天
28	灰桶、灰刀、铁抹子、手持式搅拌机		1	套		
29	手套		20	双		
30	振动棒和电机	25 或 30 型，长 5m	1	套		
31	小铁锤		2	个		
32	手磨机	配切割片 10 片，砂轮机 20 片	1	台		7 天

注：必须提前定制各种工具、材料，提前时间不得小于本表规定。

（3）现场准备

1）认真做好施工组织策划，围绕总进度要求编排合理进度计划和资源配置计划，拟安排 3 个月完成钢结构吊装施工。

2）现场道路：施工道路根据现场场地情况布置，并在施工道路边上做好排水沟，在施工现场设置各专业预制构件堆场，检查施工现场运输道路的通畅、车辆的环形运输。

3）吊装设备备齐，混凝土强度达到吊装施工要求，预制构件、临时固定构件安装就位。

4）专门组织吊装工进行安全教育、技术交底、学习培训，使吊装工熟悉墙板、楼梯安装顺序、安全施工技术要求、吊具的使用方法和各种指挥信号的操作等。

5）依据设计蓝图和工艺设计深化图确定构件的吊装顺序，将各预制构件的吊装顺序在工艺图纸上分别用红笔标示。

6）立测量控制网点：按照总平面图要求布置测量点，设置永久件的经纬坐标桩及水平桩、组成测量控制网、道路两侧应做好排水措施。

7）现场水电接驳到位，能满足日常施工需求。

7.1.4　装配式施工技术

1. 平面及立面技术

通过对平面户型的标准化、模数化的设计研究，结合结构体系的系统及技术集成、建筑内装的系统及技术集成、围护结构的系统及技术集成、设备及管线的系统及技术集成，各栋组合建筑平面方正实用、结构简洁，平面采用合理的钢结构体系排布，统一的轴网和标准层高，为钢梁、钢柱及围护结构的构配件标准化提供条件，满足钢结构装配式设计体系的原则（图 7-9）。

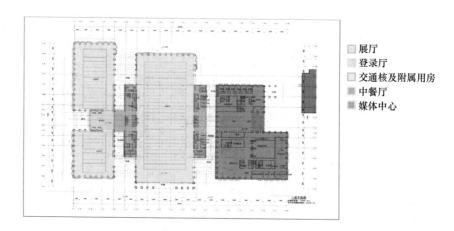

展厅
登录厅
交通核及附属用房
中餐厅
媒体中心

图 7-9 1号楼平面图

1号楼建筑轴网 12600mm×12600mm，标准层轴距为 12600mm，采用 3M 为基本设计模数，以 3M 为水平分模数，符合模数协调的原则。建筑、结构、构配件及部品部件的优先尺寸系列根据 1M 的倍数与 M/2 的组合确定，外墙厚度优先尺寸系列采用：100mm、200mm，内墙厚度优先尺寸系列采用：100mm、150mm、200mm，幕墙优先尺寸系列采用 300mm。

1号楼建筑平面设计采用大开间，室内空间采用可重复使用的隔断（轻钢龙骨石膏板、轻质隔墙板）可变换功能，同时隔断内可布置设备管线，满足展览、会议等公共功能需要，且方便检修和改造更新，符合国家工程建设的大政方针。

2号楼建筑轴网 9000×9000，采用 3M 为基本设计模数，以 3M 为水平分模数，符合模数协调的原则。建筑、结构、构配件及部品部件的优先尺寸系列根据 1M 的倍数与 M/2 的组合确定，外墙厚度优先尺寸系列采用：100mm，150mm，内墙厚度优先尺寸系列采用：100mm、150mm、200mm，幕墙优先尺寸系列采用 100mm。

2号楼建筑平面户型为标准酒店户型，设计采用大开间，在模数应用的基础上，采用梁、柱等结构部件的中心线定位法，在结构部件水平尺寸为模数尺寸的同时获得装配空间也为模数空间，实现了后续工厂化生产、装配化施工、一体化装修、信息化管理，达到全面提升建筑品质的目的。

1号楼和2号楼平面几何形状规则，其凹凸变化及长宽比例适宜，平面刚度中心与质心接近。1号楼和2号楼建筑平面设计的规则性有利于结构的安全性，符合建筑抗震设计规范的要求，同时平面设计的规则性减少了水平结构构件的类型及预制构件的类型，也符合结构的经济合理性。

装配式建筑的立面应带有工业化特色，且应多研发使用工业化的产品部件来丰富立面效果。1号楼和2号楼的立面设计采用了标准化设计方法，通过模数协调，依据装配式建筑"少规格、多组合"的原则，实现了立面的个性化和多样化。

1号楼外围护采用幕墙和外挂 GRC 结构，屋顶采用镁铝合金屋面和铝板构件，且中心对称。外墙材料具有轻质、高强、防火等属性，外墙板及屋面板采用标准化、规格化、定型化的生产方式、可稳定质量、降低成本，通用化部件所具有的互换能力可促进市场的竞争和部件生产水平的提高。

2 号楼外围护采用装饰混凝土复合墙体和加气混凝土条板，屋顶采用镁铝合金屋面和铝板构件，且中心对称。外墙材料具有轻质、高强、防火等属性，外墙板及屋面板采用标准化、规格化、定型化的生产方式，可稳定质量、降低成本，通用化部件所具有的互换能力可促进市场的竞争和部件生产水平的提高。

2. 装配式建筑装饰施工技术

本项目室内装饰设计大量采用业内大力推广的新型建筑装配式技术。先在工厂内通过流水线作业进行加工生产，然后到现场组装，通过批量采购、模块化设计、工业化生产加工、整体安装，实现规范化、标准化和高效节能。在设计上，大量使用能在工厂加工的装饰材料和施工工艺，最大限度提高项目装配率。

对于门窗及门窗套、踢脚线、石膏线角、金属线条、窗台板、栏杆扶手、活动隔断、固定家具等标准化制作、批量化生产和安装。

墙柱面选用石材、铝板、木饰面、硬包、软包、吸音板、GRC 造型、GRG 造型、人造石、墙纸等材料；顶棚选用铝板、吸音板等材料，均实行模块化定制加工，现场直接组装。经过现场精确的测量放线，与深化施工图核实尺寸后根据要求进行深化排版，并对各板块编号，然后将施工计划交由加工厂进行大规模的工厂化生产，板块到现场后直接根据深化设计排版图进行安装。这种工厂化加工、现场安装的装配式技术不但提高了生产效率，同时也避免了现场加工、裁切带来的材料浪费和环境污染等问题（图 7-10）。

图 7-10　墙柱面现场装饰图

地面水泥铺贴由湿贴法改为干铺法（图 7-11），铺贴区域统一进行地面找平预留完成面尺寸，优点是提高工作效率、改善现场作业环境、减少污染。地面的地毯、木地板等采用架空地板基层，避免使用水泥砂浆回填找平等传统湿作业的施工工艺，批量化生产，标准化安装，功效大大提高。

对天花钢架转换层、墙面钢架等基层做法由传统的钢架焊接工艺改为栓接工艺，场外模块化批量定制加工，现场直接组装。减少现场电焊工作量和危险源，提高了工效

（图 7-12）。

图 7-11　地面水泥干铺法现场图

图 7-12　基层工艺现场图

结合本项目装饰大量采用预制干挂构件的特点，对机电末端点位开孔进行精确定位设计后，交由工厂进行材料生产时，对机电专业末端点位、线盒、面板精确开孔，材料到现场后直接根据机电图纸安装，满足装修一次到位要求，避免现场的剔凿，也避免了现场加工、裁切带来的材料浪费和环境污染，提高装修品质和施工效率（图 7-13）。

3. 装配式节能技术

该项目位于广东省深圳市，属于南亚热带气候区，气候温暖，日照强烈，风频高、风速较集中。节能设计上考虑合理规划建筑布局，充分考虑了小区建筑的朝向和整体的通风效果。

（1）本项目中大部分建筑的主要朝向迎合当地夏季的主导风（东南风），利于自然通风和提高室内空气质量。

（2）建筑错落布置，在满足日照要求的同时建筑物间距适当增大，有利于增强内部的空气流动——单位时间内的进风风量增大、风速提高，从而加速建筑物与空气的热交换，加快建筑外围护结构的散热速度，进而降低空调负荷。

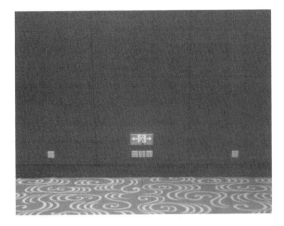

图 7-13　机电专业末端点位排布

（3）本项目从规划上确保了夏季主导风（东南风）"风道"的畅通，入风口和出风口结合主导风向合理设置，提高空气流通效果。

单体设计结合功能单元充分考虑了通风、采光、日照、遮阳等因素；采用新型墙体隔热涂料，并设计了保温隔热构造，使外围护结构拥有良好的热工性能，达到提高建筑物节能性的目的，具体包括：

1）平面布局设计开敞通透，可形成穿堂风，增强室内的通风换气效果，在提高舒适度的同时降低空调能耗。

2）减弱室外的热作用，主要办法是正确选择建筑朝向，防止日晒，同时绿化周围环境，以降低环境辐射和气温。另外，建筑表面采用浅颜色饰面，以减少对太阳辐射的吸收。

3）围护结构设计采取节能措施概况：

① 外门窗采用断桥隔热保温铝合金型材和 6＋12＋6Low-E 中透光中空玻璃，传热系数为 2.6W/（m² · K）；透明幕墙采用断桥隔热保温铝合金型材和 6＋12＋6Low-E 中透光中空玻璃，传热系数为 2.6W/（m² · K）。

② 酒店屋面采用 30mm＋100mm＋100mm 厚岩棉板，浅色饰面，传热系数 K 为 0.19W/（m² · K）；酒店屋顶花园采用 70mm 厚挤塑聚苯板，浅色饰面，传热系数 K 为 0.37W/（m² · K）；会展屋面采用 30mm＋100mm＋100mm 厚岩棉板，浅色饰面，传热系数 K 为 0.23W/（m² · K）。

装饰混凝土复合墙和热桥梁、柱构造如表 7-3、表 7-4 所示。

装饰混凝土复合墙体构造　　　　　　　　　　　　表 7-3

材料名称（由外到内）	厚度 δ(mm)
混凝土墙板（GRC）	20
岩棉保温层	150
石膏板装饰层	40

热桥梁、柱构造   表 7-4

材料名称（由外到内）	厚度 δ(mm)
混凝土墙板（GRC）	20
岩棉保温层	150
石膏板装饰层	40

综上所述，本项目考虑的主要节能措施是加强通风、遮阳的设计，达到隔热节能的目的。建筑布置采取南北朝向，有利于自然通风和采光，避免东西热晒；围护结构材料的选择，主要考虑夏热冬暖地区的气候特点，以隔热为主，在满足部分平面功能合理的同时，尽量减少外墙的凹凸，在单体设计时在满足功能及立面造型需要的同时，注重控制外窗的面积，外窗均采用双层玻璃，尽量利用建筑外形提高外窗的遮阳系数。

7.2 峥山区三所学校工程项目

7.2.1 项目概况

实验学校南校区二期：位于深圳市坪山新区，项目用地四面环路，其中新和四路、行政二路、长安街为城市主干道。项目周边有规划在建的地铁 14 号线和 16 号线，距离项目用地仅 700m，交通便利。东侧为坪山中心公园，景观资源丰富，且有坪山文化中心在建。

锦龙学校：地块位于深圳市坪山区锦龙大道以西，新嘉工业园以北，目前四周多为工业园区，配套设施相对较为匮乏。项目用地面积 16172.15m²，总建筑面积约 54465.42m²，建筑高度为 8.6～44.2m，地上 2～12 层，地下 1 层。功能为 36 班完全小学，预计建成学位 1620 个。

竹坑学校：位于竹坑路以南和金兰路南段以西，为教学楼，主要功能为小学与初中教学及配套用房。用地面积 22841.69m²，总建筑面积 75715.14m²，计容积率建筑面积 56994.78m²，容积率 2.49，绿化覆盖率 30%，建筑最高高度 47.90m。

三所学校均为政府投资的教育建筑（图 7-14），本项目解决的主要技术问题有：

（1）住宅建筑土建与装修工程一体化设计施工；

（2）采用预拌混凝土、预拌砂浆；

（3）采用大量预制构件；

（4）采用 BIM 技术，应用于建筑的规划设计、施工建造和运行维护等阶段。

7.2.2 装配式体系

1. 装配式建筑结构体系

（1）实验学校南校区二期项目

本项目包括 1 层半地下室及 2 层大底盘裙房，裙房以上有 3 栋塔楼，其中 2 号楼、3 号楼采用装配式钢—混凝土组合框架体系，2 号、3 号楼在总图上的平面布置为镜像关系，主要信息如表 7-5 所示。

图 7-14 三所学校项目效果图

2 号、3 号楼主要结构信息 表 7-5

楼编号	塔楼结构体系	塔楼地上层数	塔楼地下层数	塔楼高度/宽度（m）
2 号楼	钢—混凝土组合框架结构	6	1	22.9/54.2
3 号楼	钢—混凝土组合框架结构	6	1	22.9/54.2

本项目建筑结构安全等级为二级，设计使用年限及耐久性均为 50 年。基础设计等级为甲级。

本项目 2 号楼、3 号楼竖向构件采用全预制混凝土柱，水平受力构件采用钢梁，楼板采用预应力带肋叠合楼板，卫生间采用普通混凝土叠合楼板，楼梯采用全预制板式楼梯（图 7-15）。

图 7-15 预制构件三维示意图

（2）锦龙学校项目

本项目包括1层半地下室及2层大底盘裙房，裙房以上有4栋塔楼，其中3号楼采用装配式钢—混凝土组合框架体系，主要信息如表7-6所示。

3号楼主要结构信息 表7-6

楼编号	塔楼结构体系	塔楼地上层数	塔楼地下层数	塔楼高度/宽度（m）
3号楼	框架结构	6	1	23.6/12.0

本项目建筑结构安全等级为二级，设计使用年限及耐久性均为50年。基础设计等级为甲级。

本项目3号楼竖向构件采用全预制混凝土柱，水平构件采用钢梁，楼板采用预应力带肋叠合楼板，卫生间采用普通混凝土叠合楼板，楼梯采用全预制板式楼梯，外墙采用预制混凝土外墙。

（3）竹坑学校项目

本项目包括1层半地下室及2层大底盘裙房，裙房以上有4栋塔楼，其中2号楼、3号楼、4号楼采用装配式钢—混凝土组合框架体系，2号楼和3号楼结构平面布置为相同关系、4号楼屋顶层与其采用镜像关系，主要信息如表7-7所示。

2号楼、3号楼、4号楼主要结构信息 表7-7

楼编号	塔楼结构体系	塔楼地上层数	塔楼地下层数	塔楼高度/宽度（m）
2号楼	钢—混凝土组合框架结构	6	1	24.3/27.0
3号楼	钢—混凝土组合框架结构	6	1	24.3/27.0
4号楼	钢—混凝土组合框架结构	6	1	24.3/27.0

本项目建筑结构安全等级为二级，设计使用年限及耐久性均为50年。基础设计等级为乙级。

本项目2号楼、3号楼、4号楼，竖向构件采用全预制混凝土柱，水平受力构件采用钢梁，楼板采用预应力带肋叠合楼板，卫生间采用普通混凝土叠合楼板，楼梯采用全预制板式楼梯。

2. 关键节点设计

（1）梁柱节点

梁柱连接为栓焊连接，混凝土柱为工厂整体预制，工厂预埋柱头连接钢板，现场通过螺栓和焊接与钢梁连接，如图7-16所示。

（2）主、次梁连接节点

主、次梁采用栓焊连接和全螺栓连接节点，如图7-17所示。

（3）预应力叠合板连接节点

预应力带肋叠合板与钢梁连接节点如图7-18所示。

（4）普通叠合板连接节点

普通钢筋混凝土叠合板与钢梁连接节点如图7-19所示。

图 7-16　梁柱连接节点大样图

图 7-17　主次梁连接节点大样图

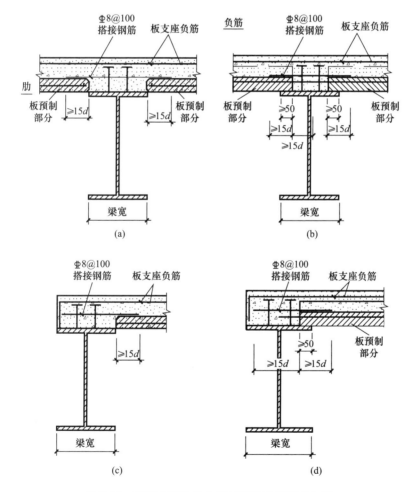

图 7-18　预应力带肋叠合板与钢梁连接节点大样

（a）两板横向连接大样；（b）两板纵向连接大样；

（c）板横向端头连接大样；（d）板纵向端头连接大样

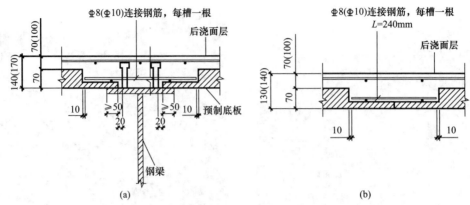

图 7-19　普通钢筋混凝土叠合板与钢梁连接节点大样

（a）叠合板支座大样一；（b）叠合板支座大样二（叠合板与叠合板拼缝处节点）

（5）预制阳台和预制空调板连接节点

预制阳台（空调板）连接节点如图 7-20 所示。

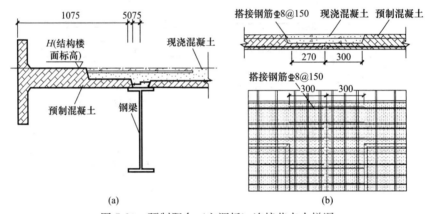

图 7-20　预制阳台（空调板）连接节点大样图

（a）连接剖面图；（b）拼缝附加钢筋大样图

（6）预制楼梯连接节点

楼梯梯梁采用钢梁，踏步板采用预制混凝土板式楼梯，如图 7-21、图 7-22 所示。

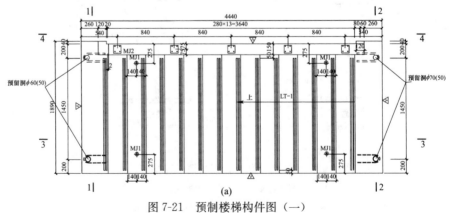

图 7-21　预制楼梯构件图（一）

（a）LT-1 俯视图

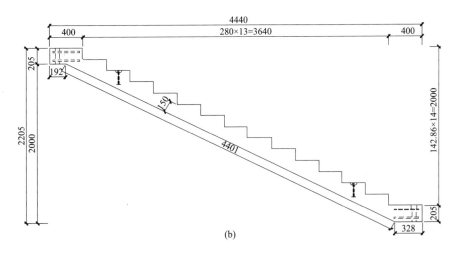

图 7-21　预制楼梯构件图（二）

（b）LT-1 3-2 剖面图

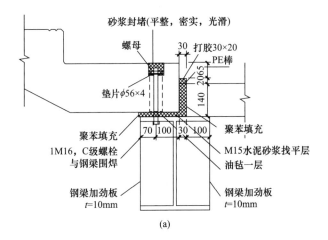

（a）

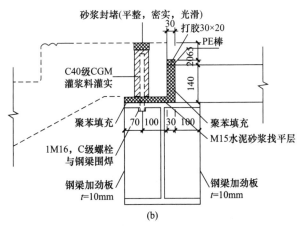

（b）

图 7-22　预制楼梯安装节点大样

（a）预制梯段滑动铰端安装节点大样；

（b）预制梯段固定铰端安装节点大样

7.2.3 工程施工组织方案

1. 施工总平面布置图

（1）实验学校南校区二期项目

实验学校南校区二期项目的平面图及关键点分析如表 7-8 所示。

施工关键点及分析　　　　　　　　　　　　　　　　表 7-8

序号	关键点	简要分析
1	地下室施工	由于 PC 构件单块重量不明，为保证后续施工进度，宿舍楼安装 1 台 C7050(70m) 进行结构施工，2～4 号教学楼各安装 1 台 S315K16. TC7525. C7030 塔吊进行结构施工； 地下室结构施工采用平行施工，基本无法在场内设置钢筋堆场和加工场，通过红线外西侧和南侧的场地设置钢筋加工场和堆场，西侧堆场用于 5 号宿舍楼、南侧堆场用于 2 号、3 号教学楼； 装饰装修及地下室内的机电等施工，通过采光井吊运进入，堆场设置于地下室内
2	1 号综合楼结构施工	1 号综合楼地上结构施工时，其堆场和加工场同地下室阶段，使用 2 号、4 号塔吊进行施工，装饰装修材料通过安装落地卸料平台进行吊装转入室内

（2）锦龙学校项目

根据地下室特点和沉降后浇带的设置，分别划分为 10 个大区，施工顺序为：1 区→4 区→2 区→5 区→6 区→7 区→8 区→9 区→10 区→3 区（图 7-23）。

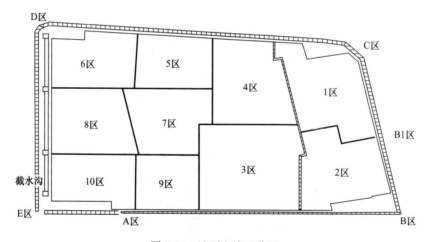

图 7-23　地下室施工分区

以综合、教学楼结构自带的分界进行划分，共分为 4 个大区，如图 7-24 所示。

（3）竹坑学校项目

根据施工区段和下一阶段的插入要求，将工程桩划分为 2 个区域，打桩过程插入其他区域土方开挖工作，施工流向如图 7-25 所示。

根据地下室特点和沉降后浇带的设置，分别划分为 5 个大区和 8 个小区，施工顺序为：Ⅱ区→Ⅴ区→Ⅳ区→Ⅲ区→Ⅰ—1 区→Ⅰ—2 区→Ⅰ—3 区→Ⅰ—4 区，如图 7-26 所示。

以宿舍、教学楼结构自带的分界进行划分，共分为 4 个大区，如图 7-27 所示。

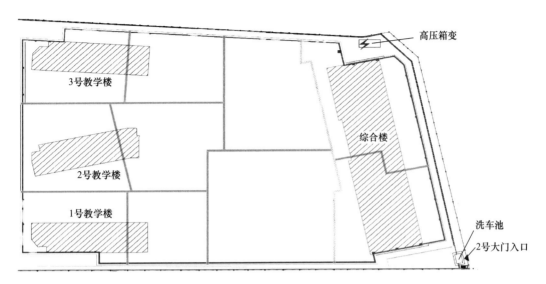

图 7-24 主体施工分区

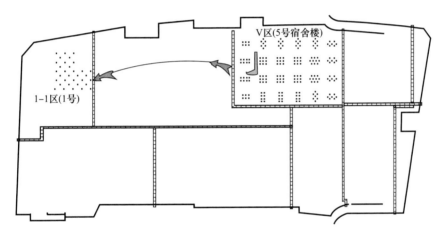

图 7-25 工程桩施工分区

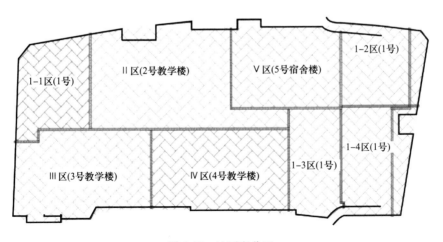

图 7-26 地下室分区

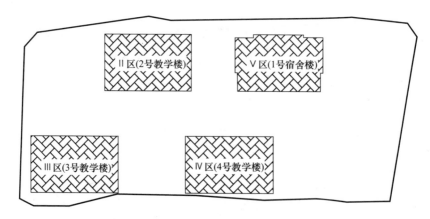

图 7-27 地上分区

本项目施工关键点及分析如表 7-9 所示。

竹坑学校施工关键点及分析   表 7-9

序号	关键点	简要分析
1	地下室施工	由于 PC 构件单块重量不明，为保证后续施工进度，宿舍楼安装 1 台 C7050(70m)进行结构施工，2～4 号教学楼各安装 1 台 S315K16. TC7525. C7030 塔吊进行结构施工； 地下室结构施工采用平行施工，基本无法在场内设置钢筋堆场和加工场，通过红线外西侧和南侧的场地设置钢筋加工场和堆场，西侧堆场用于 5 号宿舍楼、南侧堆场用于 2 号、3 号教学楼；4 号教学楼待 2 号教学楼地下室顶板封顶后可作为其加工堆场； 装饰装修及地下室内的机电等施工，通过采光井吊运进入，堆场设置于地下室内
2	宿舍、教学结构施工	加工场分别位于西侧靠 3 号门约 3600m² 区域和南侧靠 1 号大门处约 800m² 区域，堆场外侧为宽 4～6m 的非环形道路，末端设有回车场，满足结构施工要求。 后续粗装及精装施工阶段，宿舍楼安装 1 号低速施工电梯，教学楼由于独立 3 个分段（单层面积 1440m²），各设置 1 号、3 号、4 号低速施工电梯，用于其后续施工。 1 号综合楼地上结构施工时，其堆场和加工场同地下室阶段，使用 2 号、4 号塔吊进行施工，装饰装修材料通过安装落地卸料平台进行吊装转入室内

2. 施工准备

装配式建筑施工的特点是以塔吊为主的机械化流水施工。吊装一开始，各道工序均应有施工前计划，并依计划有节奏地紧密配合。因此，施工准备工作在装配式建筑结构施工中显得尤为重要。

（1）技术准备

1）编制具有可操作性的装配式实施方案，确保节点，推行科学化施工新领域。

2）加强设计图、施工图和构件加工图的结合，做好各图纸的相符性，提供可行的工厂化制作和现场可施工的深化图，优化原设计图纸。

3）组织现场施工人员熟悉、审查图纸，对构件型号、尺寸、预埋件位置逐块检查，准备好各种施工记录表格。

4）根据图纸及吊装手册，合理编排吊装顺序图标。

5）落实施工前期工作，包括材料、预制件制造、表面装饰，保护起吊、运输、储存、临时支撑，安装等。

（2）现场准备

1）认真做好施工组织策划，围绕总进度要求编排合理进度计划和资源配置计划，拟安排 3 个月完成钢结构吊装施工。

2）现场道路：施工道路根据现场场地情况布置，并在施工道路边上做好排水沟，在施工现场设置各专业预制构件堆场，检查施工现场运输道路的通畅、车辆的环形运输。

3）吊装设备备齐，混凝土强度达到吊装施工要求，预制构件、临时固定构件安装就位。

4）专门组织吊装工进行安全教育、技术交底、学习培训，使吊装工熟悉墙板、楼梯安装顺序、安全施工技术要求、吊具的使用方法和各种指挥信号的操作等。

5）依据设计蓝图和工艺设计深化图确定构件的吊装顺序，将各预制构件的吊装顺序在工艺图纸上分别用红笔标示。

6）建立测量控制网点：按照总平面图要求布置测量点，设置永久件的经纬坐标桩，组成测量控制网，道路两侧应做好排水措施。

7）现场水电接驳到位，能满足日常施工需求。

7.2.4 装配式施工技术

1. 平面及立面技术

本节以实验学校南校区二期项目为例进行阐述，锦龙学校和竹坑学校项目采用类似技术，此处不再作单独描述。

实验学校南校区二期项目共有 2 栋教学楼，编号为 2 号、3 号教学楼。教学楼包括教学部分、办公部分及公共辅助部分。教学部分包括普通教室、专用教室，辅助用房等，办公部分包括教师办公、行政办公、会议室等，公共辅助部分包括交通核及附属部分。基于教学楼建筑功能相对稳定的特点，各功能区易做到建筑的标准化设计。通过对平面户型的标准化、模数化及模块化的设计研究，结合结构体系的系统及技术集成、建筑内装的系统及技术集成、围护结构的系统及技术集成、设备及管线的系统及技术集成，各栋组合建筑平面方正实用、结构简洁，平面采用统一的轴网和标准层高，为钢梁、预制钢筋混凝土柱、钢—混凝土组合梁及预制叠合楼板，围护结构构配件的标准化提供条件，满足钢混结构装配式设计体系的原则。

2 号、3 号教学楼建筑轴网 9000mm×9000mm，标准层轴距为 9000mm，符合模数协调的原则。建筑、结构、构配件及部品部件的优先尺寸系列根据 1M 的倍数与 M/2 的组合确定，外墙采用厚度为 200mm 的 ALC 蒸压加气混凝土条板墙，内墙选用厚度为 200mm 的 ALC 条板墙。构件优先尺寸采用：模数 100mm、150mm、200mm。

装配式建筑的立面应带有工业化特色，且应多研发使用工业化的产品部件来丰富立面效果。2 号和 3 号教学楼的立面设计采用了标准化设计方法，通过模数协调，依据装配式建筑"少规格、多组合"的原则，实现了立面的个性化和多样化。

2 号和 3 号教学楼外围护墙体采用 ALC 混凝土条板墙，材料具有轻质、高强、防火等属性，墙板采用标准化、规格化、定型化的生产方式，可稳定质量、降低成本，通用化部件所具有的互换能力可促进市场的竞争和部件生产水平的提高。混凝土预制挑板、阳台、预制女儿墙，立面遮阳构件等立面元素均采用标准化设计，在减少部品种类的前提下达到统一多样的立面效果。

2. 装配式建筑装饰装修技术

本节以实验学校南校区二期项目为例进行阐述，锦龙学校和竹坑学校项目采用类似技术，此处不再作单独描述。

本项目室内装饰设计大量采用业内大力推广的新型建筑装配式技术。先在工厂内通过流水线作业进行加工生产，然后到现场组装，通过批量采购、模块化设计、工业化生产加工、整体安装，实现规范化、标准化和高效节能。在设计上，大量使用能在工厂加工的装饰材料和施工工艺，最大限度提高项目装配率。

对于门窗及门窗套、踢脚线、石膏线角、金属线条、窗台板、栏杆扶手、活动隔断、固定家具等标准化制作、批量化生产和安装。

墙面选用木饰面、硬包、软包、吸音板等材料；顶棚选用铝板、吸音板等材料，均实行模块化定制加工，现场直接组装。经过现场精确的测量放线，与深化施工图核实尺寸后根据要求进行深化排版，并对各板块编号，然后将施工计划交由加工厂进行大规模的工厂化生产，板块到现场之后直接根据深化设计排版图进行安装。这种工厂化加工、现场安装的装配式技术不但提高了生产效率，同时也避免了现场加工、裁切带来的材料浪费和环境污染等问题。

对天花钢架转换层、墙面钢架等基层做法由传统的钢架焊接工艺改为栓接工艺，场外模块化批量定制加工，现场直接进行组装。减少现场电焊工作量和危险源，提高了工效。

结合本项目装饰大量采用预制干挂构件的特点，对机电末端点位开孔进行精确定位设计后，交由工厂进行材料生产时，对机电专业末端点位、线盒、面板精确开孔，材料到现场后直接根据机电图纸进行安装，满足装修一次到位要求，避免现场的剔凿，也避免了现场加工、裁切带来的材料浪费和环境污染，提高装修品质和施工效率（图 7-28）。

3. 装配式节能技术

单体设计结合功能单元充分考虑了通风、采光、日照、遮阳等因素；采用新型墙体隔热涂料，并设计了保温隔热构造，使外围护结构拥有良好的热工性能，达到提高建筑物节能性的目的。

（1）平面布局设计：户型南北通透，自然通风良好，可形成穿堂风，增强室内的通风换气效果，在提高舒适度的同时降低空调能耗。

（2）遮阳设计：阳台板面及阳台分户隔墙为遮阳措施，水平遮阳及垂直遮阳效果良好；凸窗为挡板遮阳及玻璃自遮阳。

（3）围护结构设计采取节能措施概况：

1）屋面隔热材料：本项目屋顶采用热反射隔热涂料作为外饰面，其在洁净状态下太阳辐射吸收系数 $\rho \leqslant 0.45$，修正后为 0.476。隔热材料名称：挤塑型聚苯乙烯泡沫板，厚度（mm）：40（计算值）、50（施工厚度），导热系数 $\lambda \leqslant 0.030 \mathrm{W/(m \cdot K)}$（修正系数：1.20），燃烧性能：B1 级。

图 7-28　建筑装饰装修

2）外墙填充墙体：本项目外墙在洁净状态下太阳辐射吸收系数吸收系数 $\rho \leqslant 0.45$，修正后为 0.476。材料名称 1：ALC 条板，厚度（mm）：200，导热系数 $\lambda \leqslant 0.220W/(m \cdot K)$。

3）东、西向钢筋混凝土外墙保温材料：内保温材料名称 1：矿棉、岩棉、玻璃棉毡（$\rho = 70 \sim 200$），厚度（mm）：30，导热系数 $\lambda \leqslant 0.045W/(m \cdot K)$，燃烧性能：A 级。

4）外门窗构造：外窗采用非隔热金属型材＋6mm 中透光 Low-E＋12mm 空气＋6 透明，窗框材料为铝合金窗，外窗传热系数 $K \leqslant 3.15W/(m \cdot K)$。玻璃遮蔽系数 $Se \leqslant 0.500$，外窗遮阳系数 $SC \leqslant 0.448$，玻璃可见光透射比 0.62。气密性：幕墙 3 级、外窗 6 级。

4. BIM 技术在装配式建筑的应用

本项目基于 EPC 总承包的管理理念，运用 BIM 信息化技术对项目的设计、生产、施工及运维进行统筹管理，BIM 设计阶段的主要应用点分为设计建模、碰撞检查、工程量统计、预制构件深化设计、性能化设计、专有族库建立等工作。

通过 BIM 户型模块化进行塔楼标准层搭接，拆分模型，更有利于预制构件拆分的标准化设计。同时，BIM 模型运用 BIM 算量软件，进行模型映射，软件通过识别映射后模型属性，通过计算软件提前设置好的运算规制，进行算量分析，导出 BIM 工程量统计表以及统计过程版预制率。

本项目依托装配式智能建造平台，建立 BIM 构件模型库，不断增加 BIM 虚拟构件的数量、种类和规格，逐步形成标准化的预制构件库。BIM 系统利用 Revit 软件进行结构建模时，根据设计拆分原则，对项目进行拆分设计。同时，单个预制构件的几何属性经过可视化分析，可以对预制构件的类型数量进行优化，减少装配现场预制构件的类型和数量（图7-29）。

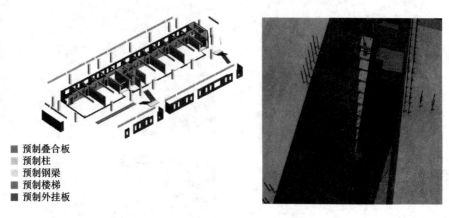

■ 预制叠合板
▨ 预制柱
░ 预制钢梁
■ 预制楼梯
■ 预制外挂板

图7-29　BIM应用示意图

7.3　裕景幸福家园项目

7.3.1　项目概况

本项目位于深圳市坪山新区坪山街道田头社区上围路南侧，东至规划创景南路，西至祥心路，南至规划南坪快速路，北至坪山金田东路。本项目属公共租赁的保障性住房。项目总用地面积11159.82m²，总建筑面积64261.54m²，用地容积率4.52，规划地上总计容建筑面积50487.55m²，其中住宅总面积47200m²（规划总户数944户，户均面积50m²）：社区健康服务中心800m²，物业管理用房100m²，垃圾收集站50m²，文化活动室1000m²，配套商业900m²。地下建筑面积13773.99m²，共计2层地下室，其中地下一层为停车库，地下二层为人防。停车位405个，其中地下345个，地面60个。项目采用装配整体式剪力墙结构体系，标准层预制率达50％，装配率达70％（图7-30）。

项目用地性质属于商住用地，高层住宅为装配整体式混凝土剪力墙结构，裙房及地下室为现浇框架结构。解决的主要技术问题有：

（1）住宅建筑土建与装修工程一体化设计施工；

（2）采用预拌混凝土、预拌砂浆；

（3）塔楼标准层采用大量预制构件，项目预制构件用量比例为59.95％～65.52％；

（4）采用BIM技术，应用于建筑的规划设计、施工建造和运行维护。

7.3.2　装配式体系

1. 标准化设计

（1）建筑设计

选取《深圳市保障性住房标准化设计图集》的标准户型，进行组合。3栋高层住宅共计 944 户，采用 35m²、50m²、65m² 三种标准化户型模块组成，实现了平面的标准化。为预制构件设计的少规格、多组合提供了可能。

图 7-30 裕璟幸福家园效果图

外墙立面方案特点有：外墙角部构造，体现装配式特点；与水平和垂直板缝相对应的外饰面分缝；装配式的外遮阳部品；立面两种涂料色系的搭配。

（2）预制构件设计原则

本项目建筑户型的标准化设计为预制构件的设计打下了很好的基础。结构设计执行《装配式混凝土结构技术规程》JGJ 1—2014 相关规定，核心筒区域、底部加强区全部采用现浇，边缘构件区采用现浇。预制楼梯采用一段滑动、一段固定。

预制构件设计拆分尽量满足少规格、多组合原则。1 号楼、2 号楼标准层，预制外墙板：9 种，33 块；预制内墙板：3 种，4 块；预制楼梯：2 种，2 块；预制叠合板：9 种，33 块。3 号标准层，预制外墙板：7 种，53 块；预制内墙板：5 种，18 块；预制楼梯：1种，4 块；预制叠合板：9 种，86 块。

（3）PC 外墙防水节点做法

在 PC 外墙的周边外加 60mm 的外皮墙体，实现了格构式立面和防水企口的有效结合，为"三道防水"（材料防水、构造防水、结构自防水）创造了条件。

第 1 道防水：建筑耐候胶＋发泡聚乙烯棒（材料防水）；

第 2 道防水：高低缝反槛构造（构造防水）；

第 3 道防水：灌浆（坐浆）＋砂浆封堵（结构自防水）。

水平缝高低反槛：H＝55mm。

典型 PC 外墙水平、竖直缝防水节点做法如图 7-31 所示。

（4）PC 外墙窗节点防水做法

本项目预制窗框节点采用内高外低的企口做法，上部设置滴水槽，下部设置斜坡泄水平台，在工厂预先装设窗框，并打密封胶处理。做好成品保护运输至工地后，统一装窗扇和玻璃。避免现场安装，密封作业，防止渗漏，保证质量。预装窗节点如图 7-32 所示。

2. 主要预制构件及部品设计

根据标准化的模块，再进一步进行标准化的部品设计，形成标准化的楼梯构件（图 7-33）、标准化的空调板构件、标准化的阳台构件（图 7-34），大大减少结构构件数量，为建筑规模量化生产提供基础，显著提高构配件的生产效率，有效减少材料浪费，节约资源，节能降耗。

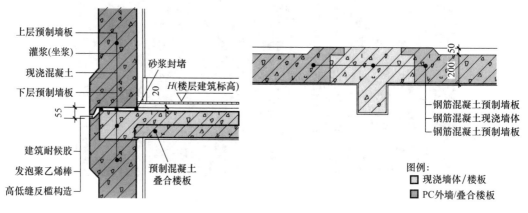

图 7-31 外墙与现浇部分垂直交接节点

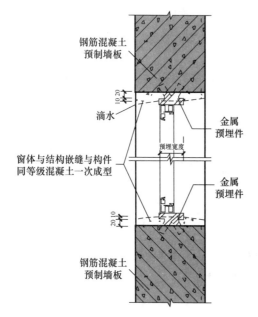

图 7-32 预装窗节点

图 7-33 预制楼梯

3. 预制与现浇结合的结构设计

本项目楼层各部分结构如图 7-35 所示。

标准层预制率计算如表 7-10 所示。1 号、2 号楼标准层预制率约为 50%（含采用装配化的内隔墙部分）以上。

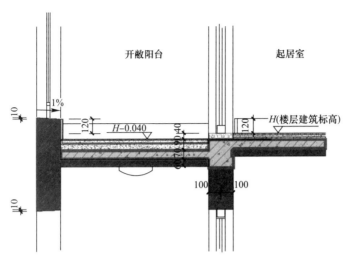

开敞阳台　　　　　起居室

图 7-34　预制阳台剖面

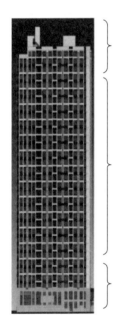

上部：屋顶层及机房层　现浇
- 1号、2号楼——三十一层、机房层
- 3号楼——三十三层、机房层

中部：标准层　预制装配
- 1号、2号楼——五层~三十层
- 3号楼——六层~三十二层
- 预制构件：预制承重外墙、预制承重内墙、预制楼板、叠合梁、预制楼梯
- 轻质混凝土隔板、预制空调机架+百叶+遮阳构件
- 现浇节点和核心筒采用铝模板现浇施工

底部：底部加强区　现浇
- 1号、2号楼——四层及以下
- 3号楼——五层及以下

图 7-35　楼层各部分结构示意图

标准层预制率计算表　　　　　　　　　　表 7-10

楼栋编号	预制构件类别		标准层各类预制构件体积（m³）	标准层现浇混凝土体积（m³）	标准层混凝土总体积（m³）
1号、2号	墙板	外墙板	32.6	69.85	137.55
		内墙板	4.5		
	预制叠合楼板		15.4		
	叠合梁		3.7		
	预制楼梯		3.5		
	阳台板及其他		4.3		
	小计		67.7	—	—
	轻质混凝土条板体积		31.6		

7.3.3 工程施工组织方案

1. 施工安排

（1）区段划分

根据工业化施工特点，装配式结构施工阶段划分为1号楼、2号楼、3号楼三个施工区，其中3号楼划分为3-1和3-2两个施工段；劳动力组织流水作业。分区图如图7-36所示。

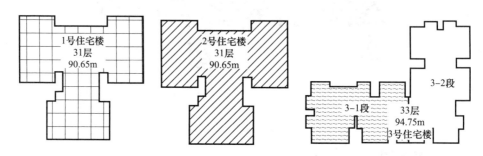

图 7-36 装配式结构施工分区图

（2）施工顺序

1号楼和2号楼之间进行劳动力流水，3号楼内分两个施工段进行区段内流水，五层开始采用装配整理式结构施工（3号楼局部从三层开始），现浇部分采用铝合金模板进行施工。

地下室外墙土方回填完成以后，重新规划施工道路，进行二次平面布置。地下室结构封顶以后开始电梯基础施工，并完成电梯安装及检测工作，以保证劳动力及装修材料运输工作。

（3）主要施工方法

五层开始采用装配整体式混凝土剪力墙结构施工，现浇部分采用铝合金模板进行施工，外架采用爬架（图7-37）。

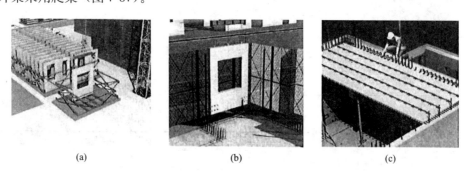

(a)　　　　　　　　(b)　　　　　　　　(c)

图 7-37 施工示意图

（a）预制剪力墙吊装；（b）外架采用爬架；（c）叠合楼板安装

2. 技术准备

（1）图纸及方案准备

技术、生产人员熟悉图纸，认真学习掌握施工图的内容、要求和特点，同时针对有关施工技术和图纸存在的疑点进行图纸会审并做好记录。根据设计图纸要求，结合结构图、建筑图和节点详图和施工规范，由厂家专业技术人员进行深化设计。

预制构件安装施工前应编制专项施工方案，并经施工总承包企业技术负责人及总监理工程师批准。预制构件安装施工前应对施工人员进行技术交底及安全交底，并由交底人和被交底人双方签字确认。

安装施工前，按照预制构件进场先后顺序表，仔细核对预制构件和配件的型号、规格、外观质量、尺寸偏差。转换层浇筑完混凝土后，吊装作业前，根据埋件布置图，仔细核对钢筋定位，对偏位钢筋进行校正处理，以确保预埋钢筋位置的准确，保证吊装墙板的顺利进行。

（2）深化设计

为保证 PC 构件生产准确无误，成品满足安装要求与使用功能，技术部牵头对以下各项内容进行深化设计并最终整合于 PC 构件加工图中：水电安装管线预留预埋、门窗预留预埋、栏杆及雨棚等预留预埋、铝模对拉孔预留、爬架附着预留预埋、PC 支撑体系预留预埋、放线孔预留、施工电梯及吊塔预留预埋等。

为保证 PC 构件高效、精准吊装，技术部牵头对以下各项内容进行深化设计并最终整合于本方案施工措施中：各类构件专用吊具及堆放基座、钢筋定位卡具、塞缝措施、钢筋调直器、墙体水平位移调节器、墙体标高调节器、对孔措施等。

3. 材料准备

原材料设备及相关物资采购合同的技术要求必须符合质量标准（国家标准或企业标准）。技术部制定大宗原材料的技术要求及进场检验标准和设备进场检验标准，生产部制定生产辅料等进场检验标准。

本项目材料准备情况如表 7-11～表 7-14 所示。

总体材料清单　　　　　　　　　　　　　　　　表 7-11

序号	材料名称及规格	单位	数量	2016 年			2017 年		
				第三季度	第四季度	第一季度	第二季度	第三季度	第四季度
1	钢筋	t	4145	194	1955	895	440	440	221
2	混凝土	m³	30078	803	13361	12057	5723	5723	2861
3	PC 外墙	个	3093	—	—	351	1404	1287	51
4	PC 内墙	个	667	—	—	75	300	275	17
5	PC 楼梯	个	216	—	—	24	96	88	8
6	PC 楼梯隔板	个	124	—	—	12	48	44	—
7	叠合梁	个	2130	—	—	240	960	880	50
8	叠合板	个	3693	—	—	417	1668	1529	79
9	PC 梁	个	216	—	—	24	96	88	8
10	灌浆料	T	2	—	—	0.22	0.89	0.81	0.08
11	封浆海绵条	m	320	—	—	36	142	130	12
12	干硬性砂浆	m³	0.5	—	—	0.06	0.22	0.20	0.02

预制外墙板 表 7-12

楼栋号	编号	标准层数量	单个构件质量（t）
1号、2号	WQ1	4	2.97
	WQ2	4	4.14
	WQ3	6	3.50
	WQ4	6	2.07
	WQ5	2	3.53
	WQ6	2	3.98
	WQ7	2	3.21
	WQ8	1	5.15
	WQ9	6	1.46
3号	WQ1	6	2.39
	WQ2	2	1.38
	WQ3	13	3.08
	WQ4	13	1.54
	WQ5	10	4.08
	WQ6	2	4.75
	WQ7	6	4.91
	WQ8	1	2.60
	WQ9	4	2.07

预制内墙板 表 7-13

楼栋号	编号	标准层数量	单个构件质量（t）
1号、2号	NQ1	2	2.80
	NQ2	1	3.16
	NQ3	1	3.05
3号	NQ1	1	1.38
	NQ2	11	3.71
	NQ3	2	3.58
	NQ4	2	5.47
	NQ5	5	1.78

预制叠合板 表 7-14

楼栋号	编号	标准层数量	单个构件质量（t）
1号、2号	DBD67-1	3	1.17
	DBS67-2	6	2.54
	DBD67-3	6	0.61
	DBD67-4	3	0.70
	DBS67-1	6	2.42
	DBD67-2	6	0.71
3号	DBS67-1	6	1.48
	DBS67-2	6	0.78
	DBS67-3	6	1.88
	DBS67-4	13	1.80
	DBS67-5	13	0.98

4. 施工方法

施工要点分析如表 7-15 所示。

施工要点列表 表 7-15

序号	施工要点	要点分析
1	预制构件的生产与运输	为保证现场工期的关键因素，工程总承包单位需按总进度计划并结合现场实际进度情况，编制预制构件生产总计划、施工过程中预制构件月度需求计划，保证预制构件生产的连续性。具体楼层施工时需提前 1～2 天报送预制构件需求计划，现场预制构件堆场内需预存至少一标准层内所有构件，以保证现场施工的连续性
2	测量放线	在装配式混凝土剪力墙施工过程中，测量放线是预制构件定位及标高控制的重要保证条件，也是保证工程总体质量控制的关键工序，较传统现浇结构测量的精度及内容要求均较高
3	钢筋工程	装配式剪力墙结构施工过程中钢筋工程与传统现浇结构差异较大，尤其是预制外墙后浇混凝土区域的钢筋绑扎，需提前配合对预制墙体预留钢筋进行深化设计，如何合理安排箍筋、纵筋钢筋绑扎顺序，属于控制工程质量及进度的关键工序
4	预制构件吊装	预制构件的吊装是装配式混凝土结构施工的核心工序，为发挥预制构件制作精度高、不需抹灰的效果，对预制构件安装的定位及标高控制要求严格，预制构件吊装的工期安排直接制约施工层的施工周期
5	灌浆施工	灌浆工程是装配式混凝土结构工程结构安全控制的核心工序，灌浆料的原材、灌浆料的制备、灌浆接缝的封堵、灌浆料的密实性等因素都直接影响工程的结构安全，施工过程应作为核心工序进行管理
6	铝合金模板施工	铝合金模板与预制构件的结合施工是保证工程结构施工完成后达到免抹灰效果的关键，通过对铝合金模板的合理设计及施工，可达到免抹灰的效果

5. 质量保证

(1) 出厂检验

预制构件出厂前，应按照产品出厂质量管理流程和产品检查标准检查预制构件，检查合格后方可出厂；当预制混凝土构件质量验收符合质量检查标准时，构件质量评定为合格；预制混凝土构件质量经检验，不符合本节要求，但不影响结构性能、安装和使用时，允许进行修补处理，修补后应重新进行检验，符合要求后，修补方案和检验结果应记录存档。

(2) 质量检查标准

1) 构件混凝土强度应按现行国家标准《混凝土强度检验评定标准》GB/T 50107 的规定分批检验评定；

2) 构件生产过程中各分项工程（隐蔽工程）应检查记录和验收合格单；

3) 预制混凝土构件应在明显部位标识构件型号、生产日期和质量验收标志；

4) 构件上预留钢筋、连接套管、预埋件和预留孔洞的规格、数量应符合设计要求；

5) 预制混凝土构件外观质量不宜有一般缺陷，外观质量应符合相关规定，对于已经出现的一般缺陷，应按技术处理方案进行处理，并重新检查验收；

6) 预制混凝土构件外形尺寸允许偏差应符合现行行业标准《装配式混凝土结构技术规程》JGJ 1 中有关预制构件尺寸允许偏差及检验方法的规定。

（3）构件进场管理

预制构件出厂前应完成相关的质量验收，验收合格的预制构件才可运输。构件运输前，与施工方沟通施工现场的吊装计划，制定构件运输方案，具体包括：配送构件的结构特点及重点、构件装卸索引图、选定装卸机械及运输车辆、确定搁置方法。

构件进场后，根据预制构件质量验收标准，进行逐块验收，包括外观质量、几何尺寸、预埋件、预留孔洞等，发现不合格予以退场。验收标准详见《装配式混凝土结构技术规程》JGJ 1—2014。

预制构件进场后，对预制构件的外观质量进行检查，要求外观质量不得有严重缺陷，对露筋、疏松、夹渣等一般缺陷，按技术方案进行处理后，重新检查验收。

施工现场针对不同类型构件，设计专用的放置基座，确保构件安放平稳、安全，边角及外露钢筋等受损最小。

7.3.4 装配式施工技术

1. 抗震技术与节点计算

本项目的设计使用年限为 50 年，建筑结构的安全等级为二级，住宅抗震设防类别为丙类，抗震设防烈度为 7 度，设计基本地震加速度为 0.10g，设计地震分组第一组，建筑场地类别按Ⅳ类，基本风压为 $0.55kN/m^2$（50 年重现期 60m 以下），地面粗糙度 B 类。

三栋塔楼均采用装配整体式剪力墙结构体系，剪力墙抗震等级为二级。结构嵌固部位为地下室顶板。结构按等同现浇的原则进行设计，现浇部分地震内力放大 1.1 倍。预制构件通过墙梁节点区后浇混凝土、梁板后浇叠合层混凝土实现整体式连接。为实现等同现浇的目标，设计中除采取了预制构件与后浇混凝土交界面为粗糙面、梁端采用抗剪键槽等构造措施外，还补充进行了叠合梁斜截面抗剪计算、梁板水平缝抗剪计算、叠合梁挠度及裂缝验算等。

本项目采用成熟的装配式剪力墙结构体系设计，PC 墙与 PC 墙的水平连接、PC 墙与现浇节点的竖向连接、PC 墙与叠合板的连接、预制叠合板与现浇墙节点的连接、预制叠合梁与叠合板的连接、预制楼梯节点的连接等，均参考《桁架钢筋混凝土叠合板（60mm 厚底板）》15G366-1、《预制钢筋混凝土板式楼梯》15G367-1、《装配式混凝土结构连接节点构造》15G310 等图集。本项目采用内保温，外墙节点做法与国家标准图集的三明治夹心剪力墙的节点做法稍有区别，具体节点做法如图 7-38 所示。

2. BIM 技术在装配式建筑中的应用

建筑工业化具有五大特点：标准化设计、工厂化生产、装配化施工、一体化装修和信息化管理，其创新的核心是"集成创新"，BIM 信息化创新是"集成创新"的主线。BIM 模型以三维信息模型作为集成平台，在技术层面上适合各专业的协同工作，各专业可基于同一模型进行工作。BIM 模型还包含了建筑的材料信息、工艺设备信息、成本信息等，这些信息可以进行数据分析，使各专业的协同达到更高层次，全面提升设计精度和效率（图 7-39）。

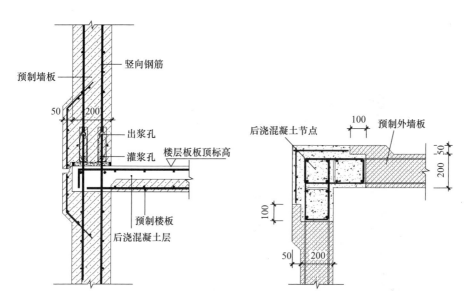

图 7-38 节点做法示意图

通过 BIM 模型对建筑构件的信息化表达，构件加工图在 BIM 模型上直接生成，不仅能清楚地表达传统图纸所能表达的二维关系，对于复杂的空间剖面关系也可以清楚表达，同时还能将离散的二维图纸信息集中到一个模型中。这样的模型能够更加紧密地实现与预制工厂的协同和对接（图 7-40）。

在制定施工组织方案时，将本项目计划的施工进度、人员安排等信息输入 BIM 信息平台中，软件可以根据录入的信息进行施工模拟，同时也可以实现不同施工组织方案的仿真模拟，

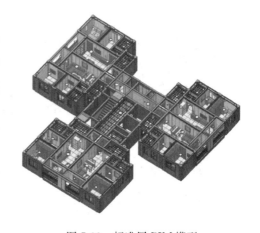

图 7-39 标准层 BIM 模型

施工单位可以依据模拟结果选取最合理的施工组织方案。

基于 BIM 平台实施各类专业管线与主体结构部件、不同专业管线之间的设计检查，检查出管线与主体结构的碰撞以及不同专业管线之间是否存在碰撞，同时根据现场实际情况，对于设计成果进行检查，避免后期返工。

预制构件吊装前依据 BIM 模型模拟吊装（图 7-41），根据构件尺寸进行吊具选择，确定构件的吊装方式，同时根据施工组织计划综合确定构件吊装方案。并将计划吊装方案与现场实际吊装方案进行对比，调整施工计划。

3. 小结

本项目采用装配整体式剪力墙结构体系，预制率 50%、装配率 70%。采用"深圳市保障性住房标准化系列化研究课题"标准层户型，标准化程度高，外墙节点做法充分结合深圳夏热冬暖的气候特点，结合立面方案设计，具有一定的创新性。工程采用 EPC 总承包管理模式＋装配式建造方法，从建筑、结构、水暖电到室内装修各个阶段，实现标准

化、模数化和系统化管理，并将 BIM 等信息化技术贯穿整个项目建设始终，进一步保证了工程质量和进度。

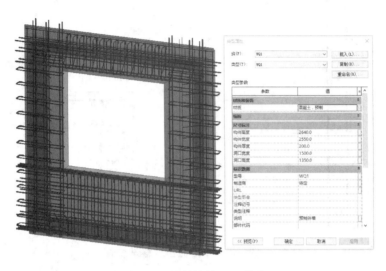

图 7-40   预制构件 BIM 信息

图 7-41   预制构件吊装模拟

3 栋高层住宅共计 944 户，采用 35m²、50m²、65m² 三种标准化户型模块组成，实现了平面的标准化。为预制构件设计的少规格、多组合提供了可能。外立面设计也充分体现装配式特点。外墙接缝防水、保温、门窗做法均考虑了深圳当地的特点，做到了因地制宜，经济适用。结构设计按照《装配式混凝土结构技术规程》JGJ 1—2014 相关规定，核心筒区域、底部加强区全部采用现浇，边缘构件区域采用现浇。预制楼梯采用一段滑动、一段固定。构件设计尽量满足少规格、多组合原则。预制构件的生产、安装过程工序合理，关键部位的连接节点质量控制措施到位，细节考虑周到，质量控制水平较高。

本项目采用全装修，室内设计在建筑设计的初期就要考虑立面的空间布置、家具摆放、装修做法，然后通过装修效果定位各机电末端点位，然后精确反推机电管线路径、建筑结构孔洞预留及管线预埋，确保建筑、机电、装修一次成活，实现土建、机电、装修一体化。

本项目采用EPC模式与信息化技术结合的方式，围绕"标准化设计、工厂化生产、装配化施工、一体化装修和信息化管理"的要求，在标准化设计理念和方法、装配式施工工艺和工法、一体化装修产品和集成方面均有一定的创新，值得应用推广。

7.4 玉林装配式建筑与现代绿色产业基地展览中心项目

7.4.1 项目概况

本项目位于玉林市福绵区装配式建筑与现代绿色建材产业基地内，主要用于建设展厅、宴会厅、贵宾休息室、食堂、办公室、外廊、卫生间及附属配套设施，总建筑面积2506.48m²，其中：展厅 598m²，宴会厅 139.40m²，贵宾休息室 76.68m²，食堂141.10m²，办公室 539.62m²，卫生间 146.43m²；配套建设室内外给水排水、供电、外接水电、景观园林等相关附属工程（图 7-42）。

图 7-42 玉林装配式建筑与现代绿色产业基地展览中心效果图

7.4.2 装配式体系

1. 预制装配式框架结构

按装配式建筑标准化、模块化的设计原则，在现有结构平面布置的基础上进行结构构件拆分，充分考虑构件生产工艺、模板利用，限制构件长度和重量，达到构件种类少、重复率高，可复制，使构件的生产、装配达到了较高的工业化水平，有效降低构件生产成本。

楼面板以及屋面板均采用可拆卸式钢筋桁架楼承板。可拆卸式钢筋桁架楼承板是将楼板中的钢筋在工厂加工成钢筋桁架，并通过塑料扣件、自攻钉与复塑或高强镀锌底模将其连成一体的组合楼板。在施工阶段，钢筋桁架楼承板可承受施工荷载，直接铺设到梁上，进行简单的钢筋工程便可浇筑混凝土。由于完全替代了模板功能，减少了模板架设和拆卸工程，大大提高了楼板施工效率。主次梁间主要节点大样图如图 7-43 所示。

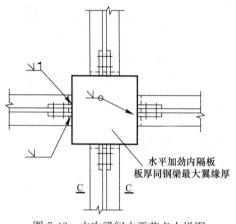

图 7-43 主次梁间主要节点大样图

各类构件及连接构造按下列原则进行设计：

（1）钢结构构件要满足结构本身的极限承载力设计要求，也要满足构件在翻转、运输、存储、吊装和安装定位、连接施工等阶段的施工验算。应在结构方案和传力途径中确定构件的布置及连接方式，并在此基础上进行整体结构分析和构件及连接设计。

（2）构件的设计应满足建筑使用功能，并应符合标准化设计的要求。

（3）构件的连接宜设置在结构受力较小处，且宜便于施工；结构构件之间的连接构造应满足结构传递内力的要求。

（4）各类构件及其连接构造应按从生产、施工到使用过程中可能产生的不利工况进行验算。

（5）构件尺寸和形状应符合以下规定：应满足建筑使用功能、模数、标准化的要求，并应进行优化设计；应根据构件的功能和安装就位、加工制作及施工精度等要求，确定合理的公差；应满足制作、重量、运输、堆放、安装及质量控制要求。

构件的标准化设计是装配式建筑设计的重点。构件的标准化程度越高、种类越少，构件成本就越低，就越能满足工业化设计和生产要求。本项目采用标准化设计生产的钢梁、钢柱、楼梯、内隔墙、钢筋桁架楼承板等构件具有一定通用性，不仅可以满足自身需求，而且可在其他项目中广泛使用。

2. 工业化生产

（1）加工制作管理组织架构

根据的主体结构框架、连接方式的特点及总包对工期、质量的要求，为按时、保质、保量完成的加工制作任务，将组建专职管理小组，由项目部直接管理。

（2）钢结构加工制作准备

技术部门认真研究总包提供的设计文件（结构设计图纸、设计规范、技术要求等），积极参加设计交底，经技术部门消化理解后，编制相关制作方案，完成施工图深化设计、焊接工艺评定试验、火焰切割工艺评定试验、涂装工艺评定试验、工艺文件编制、工装设计和精度控制标准以及焊工、检验人员培训等技术准备工作。

各部件生产加工制作都具备专业化工业化流程，严格把关，保证装配式建筑全过程各个环节的生产质量。生产准备事项如表 7-16 所示。

生 产 准 备   表 7-16

序号	准备事项	内容
1	作业人员	对各技术工种工人的配备、工作轮班的安排、各班组工人的临时调配等,按生产作业计划的要求作好安排
2	原材料准备	原材料应在规格、品种、数量、质量、到货期等方面满足和保证生产现场的需要
3	机械设备	设备类型、数量及正常运转是完成生产作业计划的重要保证。在制定作业计划时,要考虑设备维护、保养、检查、修理等需要,贯彻设备预修制度,准备好易损备件,保证设备处于良好运行状态
4	动力和运输	动力供应和物资运输都是正常生产的基本条件。动力供应需备好燃料,维护好输变电设备,使其保持正常运转;物资运输准备需做好运输车辆、设备设施的维护保养,合理安排运输路线
5	场地准备	根据各工序流水顺序安排生产场地,避免倒流水,尽量减少车间倒运工作量。场地安排时应考虑留有一定间距,以便操作和零件堆放,保证成品能顺利运出

3. 装配化施工

钢结构主要集中在展厅位置的钢柱、钢梁。整个项目共布置 1 台 25t 汽车吊用于钢柱、钢梁的吊装及其他材料的转运。

项目钢结构分布面积广、数量多,且单件钢构件长度长、重量大,只有采用合理的钢结构安装工艺,并将钢结构施工流水领先土建施工,才能错开交叉作业面并互相衔接,达到缩短工期的效果。由于工期紧,展厅钢结构采用 1 台 25t 汽车吊进行流水作业,安装方向为由下至上、由外向内逐渐安装(图 7-44)。

图 7-44 装配式施工示意图

7.4.3 工程施工组织方案

1. 施工阶段平面布置

各施工阶段平面布置如表 7-17 和图 7-45 所示。

各施工阶段平面布置说明 表 7-17

序号	施工平面阶段	说明
1	地基基础施工阶段	本阶段为施工进场至地基基础施工完成阶段，基础采用天然地基，强夯处理； 现场围挡封闭施工，围挡采用标准化围挡结构； 项目在西侧靠北位置设置出口，出入口设置大门、门卫室、门禁系统及成品洗车池 现场准备一台 25t 汽车吊辅助材料转运； 场内设置一条宽 4m 的环形道路作为场内运输道路； 现场准备一台 HQY4000A 强夯机对回填土进行强夯处理
2	主体施工阶段	场地中心位置布置一台 25t 汽车吊。同时，在主体结构边部分别设置 3m×3m 卸料平台，供材料转运。场地布置安全宣讲区、安全体验管、装配样板区、机电样板区、质量样板区。在工地东北角设置专业分包库房，场地中心位置设置钢构件、PC 构件堆场，南侧设置钢筋加工棚；沿主体结构周边布置 4m 宽环形临时道路作为运输道路
3	装饰装修及室外施工阶段	场地布置一台 25t 汽车吊，主体结构 2 层及装饰装修等需要的材料通过汽车吊从室外运至卸料平台，并通过卸料平台进行室内材料。 安全宣讲区、安全体验管、装配样板区、机电样板区、质量样板区、专业分包库房位置不变，工地南侧为材料堆场及钢筋加工棚
4	临时用电阶段	临时用电电缆采用环网及放射式相结合的方式布设。在一级配电位置设置配电室，其中设置两个一级配电箱，管控现场临时供电。一级、二级配电箱装设总隔离开关、总短路器、分路隔离开关以及带漏电保护功能的断路器； 采用放射式和树干式混合的供电方式，现场分配电箱（二级箱）可以根据需要进行移动或者增加； 在施工现场干线敷设沿线设置 500mm 宽电缆沟，方便干线电缆敷设，电缆穿过临时或正式道路时，应设置钢套管埋地敷设，且埋深不应小于 0.7m
5	临时用水阶段	消防水管及临水管线采用环网的方式进行布置，即沿临时道路两侧及建筑物周边布设，以确保安全及施工顺畅； 管道穿临时或正式施工道路时需要埋地并穿管保护，埋深不小于 0.7m； 消防水管与临时施工用水管分开布置，主管半径均为 80mm

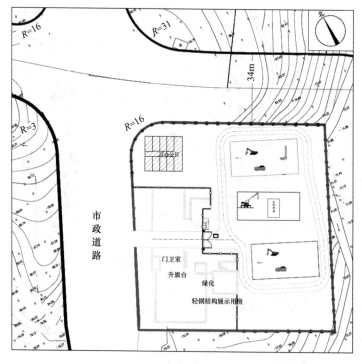

图 7-45 地基基础设施施工阶段平面布置图

2. 主要施工方法

（1）测量施工

平面控制网按照"先整体后局部，高精度控制低精度，长边、长方向控制短方向、短边"的原则，分二级进行布设。对业主提供的控制点进行复核，作为建立主体施工二级控制网的依据。在工地周围建立二级复核网，对主体的二级控制网进行复核。

利用周边的二级控制网，采用"外控法"，在主轴线的延长线上架设经纬仪（即在二级控制点上架设仪器），把测设在基础的轴线投测到施工层（图 7-46）。用全站仪测坐标点进行复核。测量组织管理如表 7-18 所示。

图 7-46　基础轴线引测示意

测量组织管理		表 7-18
测量分级管理		
一级测量	一级测量为场区控制网测量，由项目技术部组织，项目测量工程师负责建立和管理场区测量控制网，定时复核场区控制网点与业主提供的原始控制点的偏差和部分分项工程测量放样，负责一级建筑物控制测量网点的测设和管理。负责建筑物沉降观测，负责测量资料收集整理以及测量竣工总图	
二级测量	二级测量为建筑物定位测量，由承包商负责建立和管理建筑物的控制测量网，组织实施建筑施工面放样测量，负责建立建筑物楼层定位主轴线和高程基点埋设，对各分部分项工程测量放样的检查复核，负责建筑物变形测量，负责测量资料收集整理。测量工程师负责检查复核各级分包测量放样成果，上报监理	
三级测量	三级测量为施工放线测量，以测量主管工程师为组长，组建项目测量管理小组，小组由各分包主管测量人员组成。分包单位或劳务施工队根据二级控制测量点经复核无误后，进行建筑物楼层轴线测放和高程基点引测。负责建筑物内各定位角点、轴线、墙体、柱、预埋件、幕墙、地坪、装饰装修线等测放，负责编制建筑物施工放样资料数据	

（2）钢筋工程施工

钢筋工程施工需要进行合理的部署和规划、科学的管理和组织，需要每一个操作人员都清楚每个细节的做法，同时要满足总体的进度和质量的要求。

为做好钢筋工程的施工，设置专门的钢筋工程师负责钢筋工程的协调管理工作，负责编制加工单、钢筋材料计划、加工和安装施工、钢筋的焊接控制。钢筋加工由钢筋加工车间统一加工生产。

钢筋运输：原材钢筋用平板拖车、汽车运输到原材料堆放区。钢筋加工成型后分类堆放在成品堆放区，使用时由汽车吊运输到需要使用的工作面。

钢筋进场后，由业主、监理工程师会同施工单位人员对进场的每批同钢号、同规格和同级别钢筋进行抽样检查（热轧钢筋 60t 批量、冷轧带肋钢筋 50t 批量），每批钢筋抽取两根，做力学性能试验，经国家质量检验单位检验合格后方能进行使用，进口钢材还须做化学分析试验。

钢筋工程施工流程如图 7-47 所示。

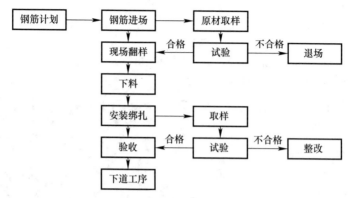

图 7-47　钢筋工程施工流程图

（3）混凝土工程

混凝土工程全部采用商品混凝土施工。用罐车运至现场，由混凝土输送泵及混凝土输送泵车输送至工作面，机械振捣。混凝土工程施工机械主要为混凝土输送泵、混凝土输送泵车、振捣器。混凝土输送泵选用汽车泵和地泵配合。

根据设计和所处地理位置的要求，由具有相应资质的混凝土搅拌站提供混凝土。考虑到施工段的混凝土均须一次连续浇筑完成，选择厂家时从技术力量、生产能力、运输距离和混凝土输送泵、混凝土罐车等设备能力四方面考虑，选择合适的混凝土有限公司提供，待与业主、监理一起考察后确定。

按设计要求，每立方米混凝土中的水泥和矿物掺合料总量不宜小于 320kg；砂率宜为 35%～45%；最大水灰比为 0.65，从而增加混凝土密实度，以保证其自防水能力。

工程开工后，立即由搅拌站进行混凝土试配，可考虑掺加粉煤灰，以改善商品混凝土的和易性和减少坍落度损失，砂率控制在 38%～40%，保证泵送效果。并做混凝土强度和抗渗试验，使混凝土各项性能指标符合要求，试配结果经监理工程师审批后方可使用。

（4）防水工程施工

防水施工主要有侧墙防水、屋面防水施工以及预制构件防水。预制构件上下层间连接处用企口形式连接，采用企口构造防水，预制飘窗、预制外墙构造防水详如图 7-48 所示

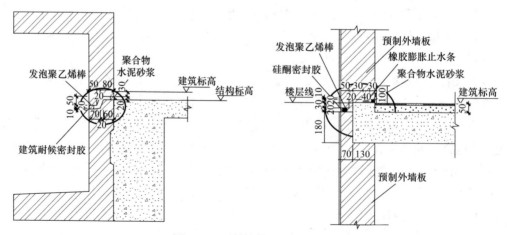

图 7-48　预制构件企口构造防水

在上层预制外墙板与现浇楼板连接处，采用高强、抗渗聚合物砂浆进行粘结，起到粘结、防水效果，并在构件接缝中部粘结橡胶膨胀止水条加强防水；在上下层飘窗间采用高强、抗渗聚合物砂浆进行粘结，起到粘结、防水效果。为保证预制构件的防水效果，在上下层预制构件接缝处填充发泡聚乙烯棒，在外侧涂布一层防水效果好、粘结力极强的耐候密封胶，起到加强防水效果、美观外墙的作用。

3. 钢构件安装

本项目钢结构分布面积广、数量多，且单件钢构件长度长、重量大，只有采用合理的钢结构安装工艺，并将钢结构施工流水领先土建施工，才能错开交叉作业面并互相衔接，达到缩短工期的效果。由于工期紧，展厅钢结构采用 1 台 25t 汽车吊进行流水作业，安装方向为由下至上、由外向内逐渐安装。

为保证安装工作的顺利进行，采用构件分段原则：

（1）分段构件便于运输，不超长超重；

（2）分段构件必须满足在吊装设备吊装范围的起重性能；

（3）分段钢柱对接位置处应便于搭设操作平台，满足焊接施工需求；

（4）构件对接位置便于工人焊接作业，钢柱宜在楼层上方 1～1.3m 处分段，局部分段可根据情况做相应调整。

钢柱安装过程中应注意的要点包括：

（1）吊装准备

在吊装前，根据钢构件的重量及吊点情况，准备足够的不同长度、不同规格的钢丝绳和卡环，并准备好捯链、缆风绳、爬梯、工具包、榔头以及扳手等机具，在柱身上绑好爬梯，并焊接好安全环，以便于操作人员上下、柱梁连接及设置安全防护措施等。

（2）钢柱吊点设置

钢柱吊点的设置需考虑吊装简便、稳定可靠，故直接用钢柱上端的连接耳板作为吊点，每节钢柱共 4 个吊点。为穿卡环方便，在深化设计时将连接耳板最上端的一个螺栓孔的孔径加大，作为吊装孔。为了保证吊装平衡，挂设 4 根强度足够的单绳进行吊运；为防止钢柱起吊时在地面拖拉造成地面和钢柱损伤，钢柱下方应垫好枕木。钢柱的吊装耳板常常也作为上下柱的连接措施。

（3）钢柱安装措施

1）每一节钢柱在吊装前在地面绑扎好钢爬梯，随钢柱一起吊装。钢柱临时固定完成后，下一节钢柱安装前采用钢爬梯搭设操作平台。

2）钢管柱吊装时，为方便钢柱的安装校正和保证操作人员的安全，钢柱顶部采用脚手架管在钢柱端部搭设操作平台，方便现场施工。

3）钢柱吊装至安装位置后，通过临时连接耳板将上下节钢柱临时固定（首节柱通过预埋螺栓固定），并在钢柱顶端拉设缆风绳，缆风绳另一端固定在预埋措施上，具体做法为在承台混凝土浇筑前，预埋一段弯折圆钢。缆风绳的拉设方向宜与钢柱的正轴线方向一致，便于钢柱校正（图 7-49）。

4）钢柱吊装后用临时连接耳板连接，作为钢柱的临时固定，待测量校正后，在焊接之前，将临时连接耳板割除。

4. 建筑结构机电装修一体化技术

建筑结构机电装修一体化是在建筑物施工前进行建筑结构、装修、机电安装一体化设计；将室内装修的设计图纸送进工厂加工，将室内装修所使用的产品以工厂化机械制式生产，以工厂化的稳定流程控制产品的品质，现场只做装配组装的室内装修方式。

采用建筑结构机电装修一体化，可以为电气、给水排水、暖通空调各点位提供精准定位，不用现场剔槽、开洞，避免错漏碰缺，保证安装装修质量。装修部分采用一体化设计施工，大规模集中采购，装修材料更安全、环保，标准化的装修保障了装修质量，避免二次装修对材料的浪费，最大限度节约材料。

建筑、结构、机电、装饰利用同一个 BIM 模型进行集成一体化设计，设计过程中对出现错、漏、碰、缺的现象及时修改及补充，最终形成一个完整的 BIM 模型（含建筑、结构、水、暖、电、精装等），对模型中构件内所含的机电管线、线盒、门窗等，构件深化设计时将直接预留预埋，避免现场对构件进行二次打凿破坏构件质量。

采用钢筋桁架楼承板，装修实现了免脚手架、免模板，也减少了现场抹灰，体现了绿色施工的要求（图 7-50）。

图 7-49　钢柱拉设缆风绳示意图

图 7-50　钢筋桁架楼承板施工图

5. BIM 技术在装配式建筑的应用

在生产、施工阶段 BIM 应用点主要体现在：基于 BIM 的深化设计；基于 BIM 的施工工艺模拟优化；基于 BIM 的可视化交流；预制构件 BIM 应用；基于 BIM 施工过程管理；基于 BIM 技术的工程量应用（表 7-19）。

施工阶段应用点　　　　　　　　　　　　　　　　表 7-19

模块	序号	应用点
模块一：基于 BIM 的深化设计	1	碰撞分析、管线综合
	2	机电穿结构预留洞口深化设计
	3	综合空间优化
模块二：BIM 支持图纸和变更管理	1	图纸检查
	2	空间协调和专业冲突检查
	3	设计变更管理

续表

模块	序号	应用点
模块三：基于 BIM 的施工工艺模拟优化	1	大体积混凝土浇筑施工模拟
	2	构件吊装施工模拟
	3	大型垂直运输设备的安拆及爬升模拟
	4	施工现场安全防护设施施工模拟
	5	样板楼层工序优化及施工模拟
	6	设备安装模拟仿真演示
	7	4D 施工模拟
	8	模板、脚手架、高支模 BIM 应用
模块四：基于 BIM 的可视化交流	1	基于 BIM 的会议（例会）组织
	2	漫游仿真展示
	3	基于三维可视化的技术交底
模块五：预制构件 BIM 应用	1	预制构件数字化加工
	2	预制构件运输和安排
模块六：基于 BIM 的施工过程管理	1	施工进度三维可视化演示
	2	施工进度监控和优化
	3	施工资源管理
	4	施工工作面管理
	5	平面布置协调管理
	6	工程档案管理
模块七：基于 BIM 技术的工程量应用	1	基于 BIM 技术的工程量测算
	2	BIM 量与定额的对接应用
	3	通过 BIM 进行项目策划管理
	4	5D 分析
模块八：其他应用	1	航拍地形测量
	2	GIS＋BIM 技术结合应用
	3	物联网技术与 BIM 技术结合应用